日本蔬菜達人的

蔬果挑選 保存密技 全公開

從產地到餐桌的零時差美味！

U0106386

青髪のテツ／著　安珀／譯

週末買了一週份的菜，
放在冰箱蔬果室裡
打算慢慢吃，
結果沒幾天就全都
變得軟軟的！

要如何挑選
新鮮的蔬菜
比較好呢？

每天的飲食
明明都很正常，
最近卻總覺得有點累……
是營養不夠嗎？

自炊伙食費
根本沒比較省……

請放心。

因為我會陪各位一起逛菜市場，

逐步傳授相關的資訊。

前言

總覺得不是很了解蔬菜！

冒昧請教一下，各位對「蔬菜」有什麼樣的印象呢？

「營養豐富」、「美味可口」、「顏色鮮豔」、「天天都想吃」，如果您對蔬菜抱持著以上的觀感，我會感到很高興！

不過從現實層面來看，也並非全是如此。

挑選蔬菜的方法
好難！

常聽到有人這麼說

維生素？胡蘿蔔素？
我知道對身體有好處，
但並不是很清楚

看來如果談到營養
也不是那麼好懂

蔬菜放在蔬果室
很快就變得軟軟的！

想要吃到維持
新鮮狀態的蔬菜

想要盡量買比較
便宜的菜，伙食費
卻一點都不便宜！

省錢的確
是件困難的事

換句話說，就是不夠了解！

◎不夠了解，是因為沒有人告訴我們有關蔬菜的一切

不了解選擇蔬菜以及省錢的方法是有原因的。

那是由於沒有人指點我們關於蔬菜的知識。

畢竟平常很難找到能陪我們一邊逛超市一邊說明如何挑選蔬菜才新鮮，或是要怎樣才能買得更划算的人。

我在超市的蔬果賣場從事採購和販售的工作，主要於推特上發表有關蔬菜的資訊。

我會把顧客詢問的選擇和保存蔬果的方式、從生產者那裡學到的讓蔬菜更美味的吃法、以及從超市人員角度才知道的省錢資訊等分享給大家，在推特上逐漸累積了超過48萬名的追隨者，令我相當慶幸。

老實說，在此之前我不認為會有人需要這種由超市正職人員所發表的訊息。

作為一名「蔬菜專家」，我所發布的資訊並沒有特別之處，只不過是將從眾多生產者和在超市工作的前輩那裡「學到的資訊」匯集起來而已。

換句話說，**只要擁有我於職場中所學會的知識，任何人都可以掌握「蔬菜專家」的眼光！**

正是因為身邊沒有人可以仔細教導我們挑選蔬果和省錢的方法，所以才「不夠了解」。

陪大家一起逛菜市場，傳授選購蔬果的相關資訊。

我以這樣的想法，精心編寫了這本書。

「精簡可靠，成為大家購物時得力的夥伴」，

這就是本書的用處。

CONTENTS

第2章 簡單有趣、淺顯易懂的蔬菜圖鑑

食用果實或種子

食用根部

食用辛香料蔬菜

食用蕈菇

第3章 在蔬菜賣場撿便宜的省錢超市活用術

書籍設計　喜來詩織（エントツ）
插畫　わたなべみきこ
DTP　朝日メディアインターナショナル
校對　ペーパーハウス
編輯　尾澤佑紀（サンマーク出版）

蔬菜會變得更加美味！

來自青髮TETSU的挑戰書

我將一些能讓菜市場逛起來更有趣的情報整理、設計成了一個小測驗！在閱讀正文之前，請先測試一下自己對蔬菜的瞭解有多少。

Q1

據說蔬菜越重，代表水分含量越多越美味。不過其實也有例外。以下四種蔬菜當中，只有一種蔬菜重量較輕者比較好吃。請問是哪一種蔬菜呢？

1 蘿蔔　2 萵苣　3 胡蘿蔔　4 苦瓜

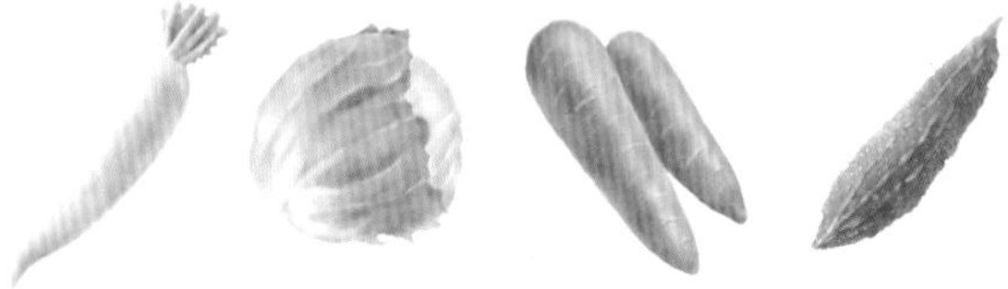

Q2

切成1／2、1／4的高麗菜，下列哪種比較新鮮？

1 切面呈黃色者　2 切面呈綠色者

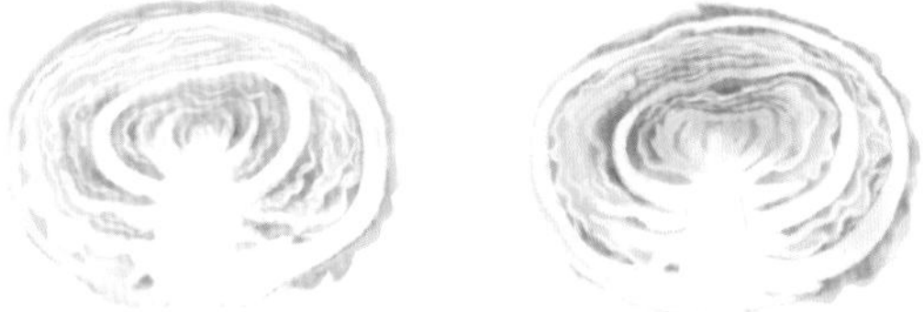

Q3

其實蘆筍有性別之分！穗尖鬆散者是雄株，穗尖緊密者是雌株。請猜猜看雄株和雌株分別有什麼樣的特徵。

1
雄株：有嚼勁
雌株：柔軟

2
雄株：苦味
雌株：甜味

3
雄株：富含β-胡蘿蔔素
雌株：富含維生素E

Q4

冰箱裡的蔬果室是為了盡可能讓蔬菜保持新鮮而設計的，但下列有一種蔬菜卻不太適合放進蔬果室。請問是哪一種呢？

1 秋葵　2 青花菜　3 番茄　4 茄子

Q5

其實有個方法可以讓變皺的小番茄恢復成飽滿有彈性的模樣。
猜猜看是下列哪種方法呢？

1 抹滿油
2 浸泡在鹽水中
3 先冷凍再解凍
4 浸泡在熱水中

Q6

胡蘿蔔中含有豐富的β-胡蘿蔔素，有助於皮膚和黏膜的健康。β-胡蘿蔔素的吸收率會因食用方式而有所不同。請問以下哪種食用方式β-胡蘿蔔素的吸收率最高？

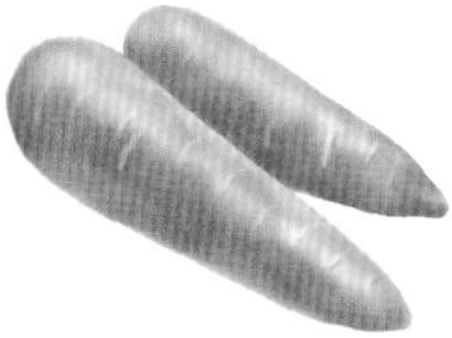

1 與油一起攝取
2 煮過之後食用
3 生食

重量越輕反而越好吃的蔬菜是……

A1. ② 萵苣

請選擇重量較輕的萵苣。因為較重的萵苣已經過度生長，失去了特有的鬆脆輕盈口感。

如果想做成沙拉享用，要挑選重量較輕者！

▸ 詳情請參照25頁

新鮮的高麗菜是……

A2. ① 切面呈黃色者

切開一段時間之後，由於光合作用使然，黃色的切面會變成綠色。白菜也有這樣的特徵，因此切開的高麗菜、白菜要選擇「黃色」的。

隨著變色成綠色，風味也會消失

▸ 詳情請參照55頁

蘆筍雄株雌株的特徵是……

A3. ① 雄株：有嚼勁 雌株：柔軟

左為雌株，右為雄株

蘆筍有性別之分，以雄株具有嚼勁，雌株的口感柔軟為特徵。一般來說，口感柔軟的雌株似乎比較受歡迎，不過還是請根據個人的喜好或用途來選擇吧。

▸ 詳情請參照75頁

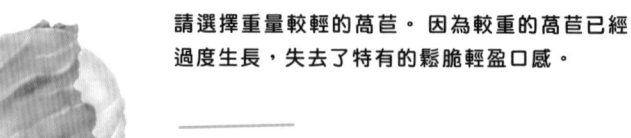

不建議放入蔬果室的蔬菜是……

A4. 2 青花菜

因為蔬菜的最佳保存溫度各有不同，所以不建議將全部的蔬菜都放入蔬果室。青花菜的最佳保存溫度是0～5度，所以0～6度的冷藏室會比3～7度的蔬果室更合適。

▸ 詳情請參照39頁

放在冷藏室裡容易變乾，因此必須採取對策，用紙包好，裝入塑膠袋中

想讓小番茄恢復彈性的話……

A5. 4 浸泡在熱水中

表面已經變皺的小番茄，只需倒入約50～60度的熱水，然後等待約10秒鐘，就會變得飽滿有彈性。

依照變皺程度等待數分鐘

▸ 詳情請參照82頁

胡蘿蔔的推薦食用方式……

A6. 1 與油一起攝取

胡蘿蔔中富含的β-胡蘿蔔素，具有耐熱性以及容易融於油中的脂溶性。可以藉由熱炒和油炸等烹調方式，或是淋上橄欖油來提高吸收率。不同食用方式的β-胡蘿蔔素吸收率，請參照左圖。

▸ 詳情請參照101頁

那麼，我們一起
去逛蔬菜賣場吧！

第 1 章

只需這麼做！想事先學會的蔬菜基本知識

從蔬菜的新鮮度
到商店的水準都能了解
TETSU流・蔬菜賣場的逛法

「盡可能想每天都吃到新鮮蔬菜。」

「在超市很難買到便宜的蔬菜。」

「超市的蔬菜新鮮度是不是比較差……？」

如果您有過有上述那樣的想法，那麼當您在逛蔬菜賣場時，請試著注意以下3點。

①檢查入口附近的蔬菜

②檢查在常溫平台販售的蔬菜

③檢查特價區

①檢查入口附近的蔬菜

許多超市在入口附近除了有「廣告商品」之外，還會配置當季便宜的蔬菜。**它的特色在於，當人們一走進店裡立刻將單價低的商品放入購物籃時，就會刺激購買欲望，最後不知不覺就買了很多東西。**超市會利用這種心理效果來配置商品。

蔬菜賣場最簡單的逛法就是查看入口處的蔬菜之後，只購買當令的便宜蔬菜。只需這麼做就可以完成蔬菜的採購，而且可以節省開支。

②檢查在常溫平台販售的蔬菜

有一個簡單的方法可以找到當令的蔬菜。

那就是要注意「常溫平台區」。大多數的超市，會將當令的蔬菜配置在顯眼的地方，而過了盛產期的蔬菜則配置在不顯眼的地方，所以占據在蔬菜賣場正中央的「常溫平台區」等顯眼的地方所販售的蔬菜，很有可能是當令蔬菜，或是接下來即將開始迎來盛產期的蔬菜。

相反的，靠牆冷藏櫃裡的蔬菜多半已經過了盛產期，所以想吃當令蔬菜的人請試著注意一下。

③檢查特價區

藉由查看「特價區」，可以了解那家店的蔬果部門和其他部門的商品新鮮度。

商品因為各式各樣的原因送往特價區，其中有9成都是因為新鮮度變差的緣故。由於在普通區賣不出去，撤下來轉送到特價區，所以**觀察特價區的蔬菜就可以了解普通區的蔬菜新鮮度**。舉例來說，如果有腐壞的商品出現在特價區，那麼普通區應該會有剛開始腐壞的商品，而如果因為有點枯萎就決定當成特價品，那麼普通區很可能只會配置新鮮度絕佳的商品。

此外，對超市來說，蔬菜賣場的新鮮度水準下降會影響來客數和營業額。如此重要的重點都無法管理的店家，多半該店本身的新鮮度也不佳。因此，藉由檢查特價區，可以看出這整家店的新鮮度好壞。

如果您的住家附近有好幾家商店的話，最好先檢查一下特價區。

基本的挑選方法

「哪個比較重？」蔬果的水嫩度靠重量來判別

挑選蔬菜的時候，要檢查「重量」。檢查重量的原因是為了確認蔬菜的水分含量。**蔬菜拿起來的手感越沉重，水分就越多，所以多數都是鮮嫩多汁又美味可口的商品。**雖然單純看重量也很重要，但是請先記住，重點是「根據其大小的比例確認是否為較重的商品」。

不過，也有例外。**選擇沙拉用的萵苣和春高麗菜時，要選擇重量較輕的商品。**這些蔬菜的特點是口感鬆脆。較沉重的商品因為生長過度，已經破壞了原本特有的鬆脆輕盈口感，因此不適合用來製作沙拉。

當然，如果是想要吃很多的人，或是想用來製作需要加熱的料理，也許選擇較沉重的商品也不錯。

除了沙拉用的萵苣、春高麗菜這類例外，基本上先記住「鑑定蔬菜的時候要選擇較重的商品」。這點也同樣是挑選水果時的準則，所以請參考看看。

顏色是美味程度、營養、新鮮度的指標

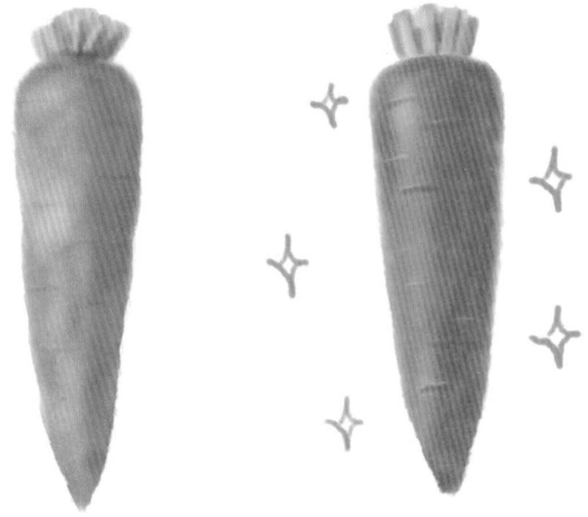

從外表來看，最容易判別的選擇方法是「顏色」。

例如，葉菜類蔬菜一旦開始腐壞就會變成黃色，馬鈴薯一旦照射到光線就會變成綠色，然後產生有毒物質。顏色成為判別新鮮度的標準。

營養和美味程度也是藉由注意顏色就可以了解。

例如，胡蘿蔔的橙色越深，β-胡蘿蔔素的含量就越多，而β-胡蘿蔔素在體內會轉化成維生素A。

在寒冬時期，許多蔬菜都會產生糖分以免水分凍結，為了不容易凍結而改變自身。青花菜和高麗菜有時會帶點紫色，這是遇到寒冷時因為多酚出現在表面所造成的現象。因此，在冬季時期變成紫色的高麗菜、青花菜、蘆筍，含糖量相當高，很可能變得頗甜（變成紫色也可能是其他原因造成的）。

最好選擇鮮豔顏色的蔬菜

這些蔬菜的顏色鮮豔度成為新鮮度或營養的標準。
詳細的重點請分別至第2章各種蔬菜的頁面確認。

需注意顏色變化的蔬菜

蔬菜變色作為新鮮度下降的跡象，淺顯易懂。
這裡匯整了在商店中容易判別的要點。

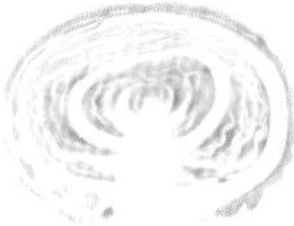

切開的高麗菜、切開的白菜

隨著時間一久，切面會
變成綠色，所以要選擇黃色的菜。

萵苣

菜心的切面
變成粉紅色。

長蔥

白色的部分
變成黃色。

青花菜

花蕾開花之後變成黃色。

花椰菜

花蕾變色發黑。

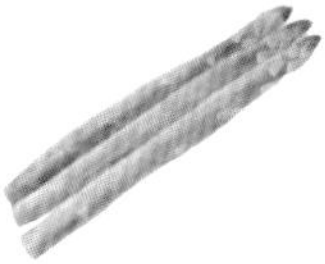

蘆筍

切面變成白色。

秋葵

花萼變成褐色，
或是出現黑色紋路。

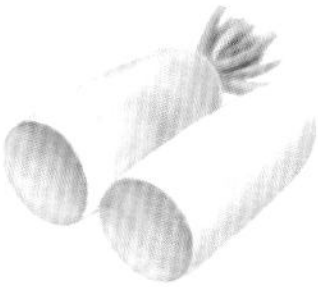

切開的蘿蔔

切面發黑，
或是變成藍色。

馬鈴薯

變成綠色。

地瓜

切面長出青黴菌。

蓮藕

孔洞內側變成黑色。

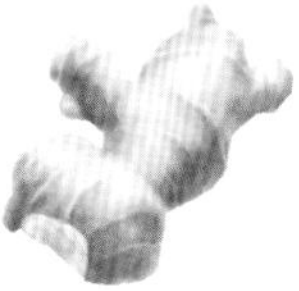

生薑

切面變成白色。

開始腐壞的跡象
出現在「切面」

蔬菜是從菜刀切入的地方開始腐壞的。陳列在商店裡的蔬菜當然都是被切過的商品。檢查蔬菜的切面，就能了解它的新鮮度。

即使是乍看之下好像沒有什麼切面的蔬菜，因為在與根部或莖部接觸的部分有切面，所以檢查一下那個地方吧。我們往往會不知不覺去注意表面的顏色或葉子的狀態，但是如果盡可能也先好好地檢查切面之後再選擇蔬菜，就可以選到新鮮度更好的蔬菜。

例如，小黃瓜和青椒的蒂頭，高麗菜、萵苣和白菜的菜心等，透過觀察它們的切面狀態或顏色，就能了解那個蔬菜的新鮮度。

此外，購買已經切成1／2或1／4的白菜和高麗菜時，請先仔細檢查切面的狀態之後再購買。白菜和高麗菜在一整棵的狀態下，視情況而定，可以保存兩週左右仍維持原有的美味。但是，已經切開的白菜和高麗菜會從切面開始腐壞，所以如果放著不管的話，2～3天就會腐壞。把蔬菜拿在手裡之後，別忘了確認蒂頭、菜心、剖面等處的切面狀態。

盛產期是最可靠的美味嚮導

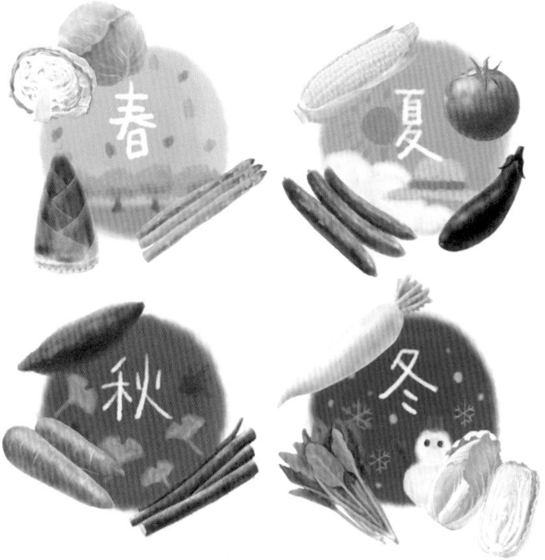

去買菜或構思菜單的時候，最可靠的標準就是「盛產期」。蔬菜在各個季節有盛產期。**當季盛產期的蔬菜，不可思議地富含「那個時期所需的營養」。**

例如，夏季當令的小黃瓜、番茄和青椒，具有冷卻身體的效果，相反的，冬季當令的胡蘿蔔、蘿蔔、牛蒡等，則具有溫暖身體的效果。

而且，選擇當令蔬菜還有省錢的效果。一到了盛產期，有屋外田地裡種植的「露天栽培」蔬菜上市，或是自家菜園的蔬菜也被採收．消費，所以供應量增加，價格就變得便宜。

儘管如此，現代溫室栽培等的技術發達，大部分的蔬菜漸漸變成一年四季都可以上市。因此，不知道每季當令蔬菜的人也不少。從下一頁開始可以瀏覽每個季節的當令蔬菜。在第2章的各頁中也刊載了每種蔬菜的盛產期，請試著查看一下。

春季（3~5月）當令蔬菜一覽表

春高麗菜

萵苣

新洋蔥

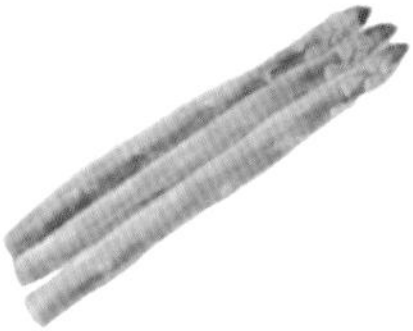
蘆筍

竹筍

鴨兒芹

韭菜

番茄

新馬鈴薯

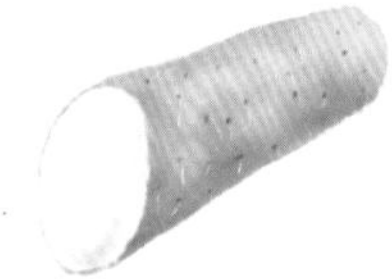
山藥

豆芽菜、豆苗、
酪梨、蕈菇類
在本書中被視為
全年都是盛產期。

其他的當令食材

芹菜、蠶豆、豌豆、油菜花、西洋芹、西洋菜、
草莓、葡萄柚、鰈魚、丁香魚、水針魚、海瓜子、
烏賊、章魚、海苔、羊栖菜、海帶芽

夏季（6～8月）當令蔬菜一覽表

高原高麗菜

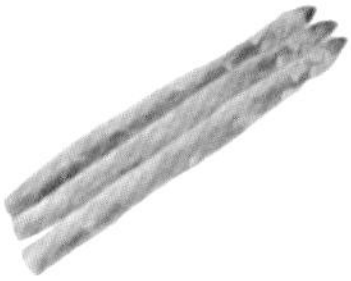
蘆筍

番茄

茄子

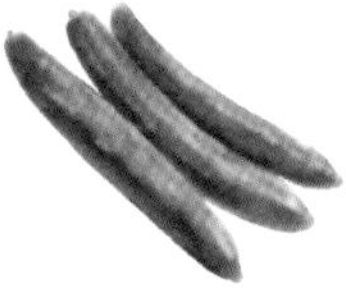
小黃瓜

青椒（甜椒）

玉米

秋葵

毛豆

苦瓜

櫛瓜

獅子唐青椒

茗荷

青紫蘇

大蒜

其他的當令食材

空心菜、四季豆、皇宮菜、冬瓜、麻薏、梅子、梨子、柚子、哈密瓜、竹莢魚、香魚、三線雞魚、鰻魚、旗魚、梭魚、剝皮魚、沙鮻、丁香魚、皇帝魚、鱸魚、白帶魚、飛魚、烏賊、蜆、章魚

秋季（9~11月）當令蔬菜一覽表

高苣

洋蔥

番茄

南瓜

胡蘿蔔

馬鈴薯

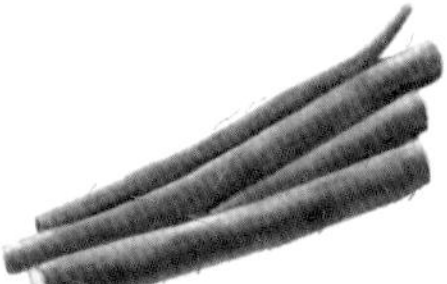
牛蒡

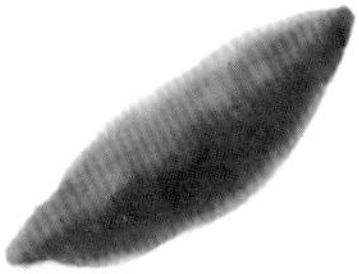
地瓜

茗荷

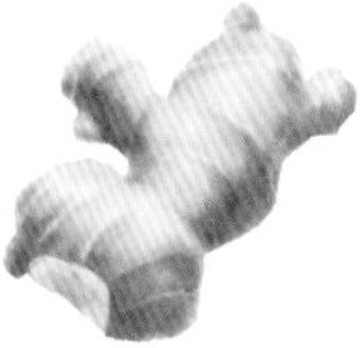
生薑

其他的當令食材

白菜、皇宮菜、無花果、柿子、銀杏、栗子、梨子、葡萄、柚子、蘋果、小芋頭、沙丁魚、鰹魚、鮭魚、鯖魚、秋刀魚、皇帝魚、飛魚、鰕虎、比目魚、烏魚、鱒魚、海瓜子、烏賊、芝蝦、明蝦

冬季（12~2月）當令蔬菜一覽表

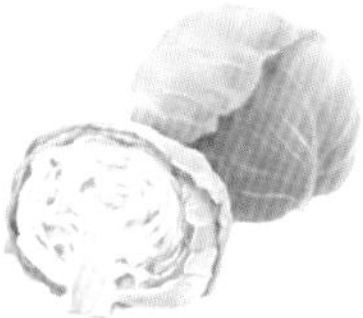

冬高麗菜

白菜

菠菜

小松菜

長蔥（青蔥）

青花菜

花椰菜

水菜

山茼蒿

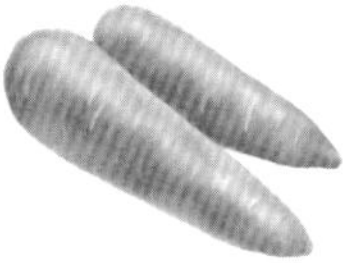

胡蘿蔔

蘿蔔

蕪菁

地瓜

蓮藕

其他的當令食材

芹菜、油菜花、百合根、草莓、柚子、小芋頭、山藥、青鯛、金眼鯛、喜知次魚、鰆魚、鱈魚、小鰤魚、比目魚、鰤魚、花鯽魚、烏魚、鮪魚、真鯛、烏賊、若鷺魚、牡蠣、螃蟹、芝蝦、明蝦、紫菜、文蛤、羊栖菜、扇貝

從「姑且先放入蔬果室」畢業吧

因為是「蔬菜」就一股腦兒地放入蔬果室裡，這是不正確的。原因在於不同的蔬菜有不同的最佳保存溫度。

蔬果室的溫度是3～7度，冷藏室的溫度是0～6度，冰溫保鮮室的溫度約0度。**即使在同一個冰箱裡面，不同的存放空間溫度和溼度也不一樣。**

配合蔬菜的種類放入適合的空間內，保存的時間可以延長好幾倍。

例如，青花菜的最佳保存溫度是0～5度。在不會凍結的程度下，越冷的地方越能長久保存。也就是說，如果是3～7度的蔬果室，溫度就太高了。如果放入冷藏室的話，與蔬果室相比，青花菜的保鮮時間可以延長至2倍以上。

此外，由於室溫不同，在室溫（陰涼的暗處）中保存時也要有所區別。例如，番茄的最佳保存溫度是10～13度。太冷也會成為腐壞的原因。

於秋季至初春這段室溫較低的時期，將番茄存放在房間裡陰涼的暗處，可以保存得比較久，營養也不太會流失。好比具有降低血糖、防止動脈硬化功效的茄紅素含量，據說會比放在冷藏室中多了60%左右。

蔬菜的保存地圖

如果將蔬果保存在合適的溫度中，保鮮時間有時甚至能延長至2倍以上。
這邊建議大家可以把書末的特別附錄裁剪下來，貼在冰箱上。
※溫度和溼度可能會因機型而異。

① 冷藏室（0～6度）

比蔬果室的溫度更低。
因為溼度也較低，蔬菜比存放在蔬果室中更容易乾燥，所以要裝入保鮮袋中保存。

要保存在冷藏室中的蔬菜

高麗菜、白菜（切開）、菠菜、小松菜、萵苣、長蔥、青蔥、青花菜、花椰菜、水菜、山茼蒿、蘆筍、竹筍、玉米、鴨兒芹、韭菜、豆芽菜、豆苗、南瓜（切開）、毛豆、胡蘿蔔、蘿蔔、蕪菁、茗荷

② 冰溫保鮮室（0度）

比冷藏室的溫度更低，接近快要結凍的溫度。
特點是因為附有蓋子，所以也不易受到冰箱門開關的影響。

要保存在冰溫保鮮室中的蔬菜

高麗菜、白菜（切開）、青花菜、花椰菜、豆芽菜、馬鈴薯
※儘管存放在冷藏室中也沒問題，不過如果有冰溫保鮮室的話，建議最好將這些蔬菜放進去。

③ 蔬果室（3～7度）

適合用於保存夏季蔬菜以及易引起低溫障礙的不耐寒蔬菜。
由於溼度在90%左右，因此是為了防止蔬菜變乾燥而設置的。

要保存在蔬果室中的蔬菜

洋蔥（夏季）、新洋蔥、番茄（夏季）、茄子（夏季）、小黃瓜、青椒、甜椒、秋葵、苦瓜、酪梨（成熟後）、櫛瓜、獅子唐青椒、山藥、牛蒡、蓮藕、生薑、青紫蘇
※附有（夏季）的蔬菜，建議在室溫較高的夏季時存放在蔬果室，其他季節則在常溫中保存。

常溫

指的是保存在沒有陽光直射、通風良好的場所。
10～15度左右是最佳保存溫度。
在高溫潮溼的夏季，蔬菜容易腐壞，所以請保存在蔬果室吧。

要保存在常溫中的蔬菜

白菜（一整棵）、洋蔥、番茄、茄子、南瓜（整顆）、酪梨（成熟前）、馬鈴薯、地瓜

田裡的姿態是
自然的姿態
了解直立保存的蔬菜

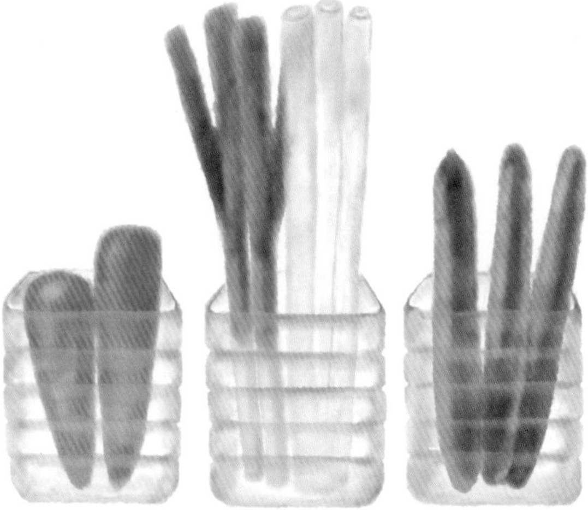

蔬菜在採收之後仍然是活著的。因此，若保存時維持在與生長在田間時相同的方向，可以使保存期變得更久。

例如長蔥、胡蘿蔔和小黃瓜等蔬菜，縱向生長時需要消耗能量。如果將像這樣想要縱向生長的蔬菜橫向平放，它們就會彎曲生長，消耗掉多餘的能量，導致味道變差，新鮮度下降。

所以長蔥、胡蘿蔔、小黃瓜、玉米、蘆筍、菠菜、小松菜等，只要直立保存，就可以在新鮮的狀態下長期保存。

將寶特瓶或牛奶盒切開一半～1／3左右，放入冰箱內備用，只需放入蔬菜即可直立保存，故請試試看這個方法。還有個好處是，比起將蔬菜橫向平放保存，將蔬菜直立保存更可以確保冰箱的空間。

蔬菜一直在生長
抑制蔬菜的生長
可以保存更久

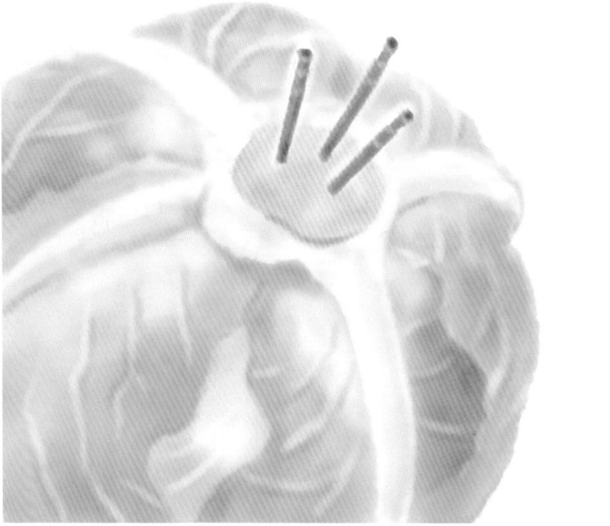

我在前面已經說過了，蔬菜在採收之後仍然活著，還會繼續生長。如果將買回來的蔬菜就這樣直接放置不管，時間過得越久就會長得越多。持續的生長會消耗掉營養和水分，當蔬菜生長在田裡的時候，可以從土壤中吸收水分，或是藉由光合作用產生養分，但是在採收之後就沒辦法這麼做了，所以會漸漸腐壞。

因此，透過抑制蔬菜的生長，可以保持其營養價值和美味，同時使蔬菜保存得更久。

為了抑制生長，就必須破壞「生長點」。生長點的功用是從蔬菜的其他部分收集養分和水分，使蔬菜生長。

例如，以高麗菜和萵苣來說，因為生長點位於菜心的深處，所以只需用幾根牙籤插入到菜心的深處，就能破壞生長點。白菜的生長點則是位於菜心的上方。如果是被切成1／2或1／4的白菜，從內葉而不是從外葉開始使用，便能保存得更久。

控制冷凍者
即可控制保存
保持9成美味的冷凍術

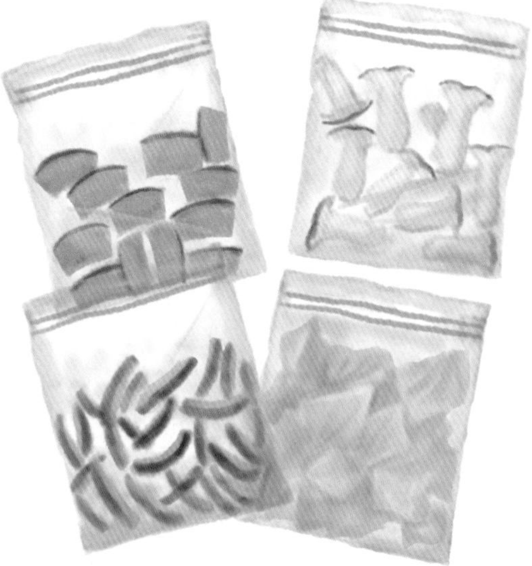

蔬菜要盡可能在新鮮度佳的狀態下進行冷凍。有的人會將蔬菜放入冰箱幾天之後，想到「就這樣放著的話會腐壞，所以先冷凍起來吧」，因此才把蔬菜冷凍起來。雖然這樣做比捨棄掉它們要來得好，不過蔬菜在冷凍之後可以保留糖分、鮮味成分和營養素。「將一直到購買後的隔天都不會使用的蔬菜，全部冷凍起來」，這麼做也不為過。**保持鮮度的冷凍訣竅就是「急速冷凍」。**如果花很長的時間慢慢冷凍，那麼一旦細胞遭到破壞，口感就會變差。只要將蔬菜切成薄片，或是放在冷凍室內的金屬托盤上，便能使蔬菜迅速凍結。如果沒有金屬托盤，用鋁箔紙包起來也很有效。

此外，要徹底擦乾水分。如果蔬菜帶著水分直接冷凍的話，會延遲凍結的時間，或是讓蔬菜結霜，導致味道或口感變差。口感很容易產生變化的蘿蔔和胡蘿蔔，透過醃製冷凍的方式，可以防止在冷凍過程中細胞破裂，因而口感不易發生變化。解凍的時候，自然解凍是NG的。直接加熱烹調才不會額外破壞蔬菜的細胞，能夠吃到美味的蔬菜。

想要添購齊全！有助於保存的便利品項

報紙或廚房紙巾

在本書中，基本上以「紙」來表示。報紙或廚房紙巾可以保護蔬菜免於乾燥或溼氣。不耐乾燥的蔬菜要用沾濕的紙包好之後保存。不耐溼氣的蔬菜則建議用乾紙包好後保存，可以藉此調整溼度。

寶特瓶或牛奶盒

用於小黃瓜、蘆筍和長蔥等要直立保存的蔬菜。用美工刀或剪刀加工裁切成一半或1/3的尺寸，就可以輕鬆將蔬菜直立保存。也可以使用百元商店販售的筆筒代替。

塑膠袋

雖然要依冰箱的種類而定，不過基本上冰箱內部是乾燥的。用紙包好之後裝入塑膠袋中，對於蔬菜來說可以維持最適當的溼度。有些百元商店也會販售稱為「保鮮袋」的袋子。

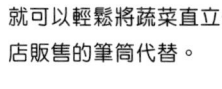

保鮮袋

使用保鮮袋的好處是可以分成小分量之後再放進冰箱，能使蔬菜快速冷凍，保存時也比較不易破壞細胞，並保持原有的美味。因為將袋子密封，蔬菜不太會接觸到空氣，所以不容易氧化。

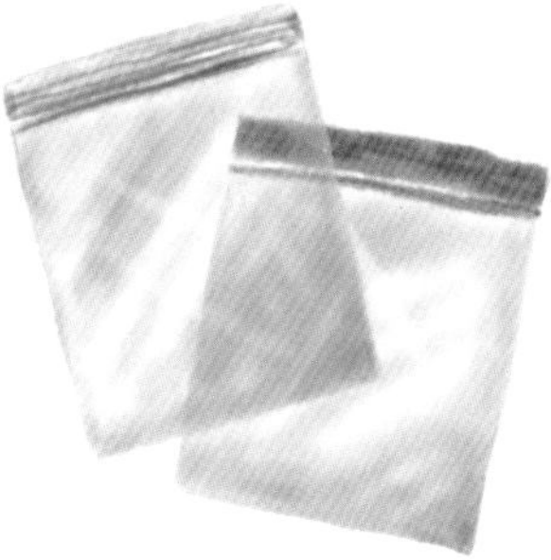

保鮮膜

保鮮膜也像塑膠袋一樣，可以防止蔬菜免於乾燥。藉由維持溼度，蔬菜就能保存得更久。

保鮮盒

保鮮盒的優點是比較耐用，即使拿取時動作有點粗魯，也不會壓壞蔬菜。它也非常適合用來保存預先做好的料理或是切好的蔬菜。大型的保鮮盒可以裝入許多東西，所以不妨與塑膠袋分開使用。

第 2 章 的 標 示 說 明

蔬菜的分類・名稱

在《第2章：簡單有趣、淺顯易懂的蔬菜圖鑑》中介紹了50多種蔬菜、蕈菇、水果等。請隨意翻開自己想知道的蔬菜頁面，閱讀它的挑選方法、營養成分和簡單的烹調方法等。

在本章中，主要是依照「葉子或莖部」、「果實或種子」等食用的部位將蔬菜進行分類。關於蔬菜的名稱，有的會因不同的地區而異。因此，可能會與您居住地區的超市、蔬果店販售時的名稱並不相同。
此外，盛產期也可能會隨著地區或品種而有所不同。

調理方法

在第2章中還介紹了簡單的烹調方法。
微波爐使用的是500W或600W的機型。以600W的機型調理500W的食譜時，請將加熱時間調整成0.8倍；以500W的機型調理600W的食譜時，請將加熱時間調整成1.2倍。
如果沒有刊載調味料的分量，請一邊確認味道一邊調理。

第 2 章

簡單有趣、淺顯易懂的蔬菜圖鑑

食用
葉子或莖部

不論做成什麼料理都適合
葉菜類蔬菜的代表！

因為外葉可能會因變色而剝除，
所以要選擇仍帶有外葉者
失去營養而變得又硬
又苦，所以要選擇
菜心較短者
菜心的切面白皙乾淨

高麗菜（椰菜）

重量、包捲、外葉的有無是挑選的重點

要選擇拿起來手感沉重的高麗菜。尤其是冬高麗菜，為了保護自身免於凍結，它會將葉片緊密地包捲起來，貯存糖分。**請記住「甘甜鮮嫩的高麗菜是有沉重感的」。**

不過，水分多、適合做沙拉的春高麗菜，則要挑選葉片包捲得較鬆散，重量較輕者。較重的春高麗菜因生長過度，會失去原有獨特的柔軟度。

檢查高麗菜的新鮮度時，我會查看菜心是否變黑，或者外葉是否變色或枯萎。如果外葉有所損傷，有的店家會刻意剝除外葉蒙蔽顧客，所以選購的時候也要先檢查是否帶有外葉。

注意背面的「5道菜梗」！

這是農民告訴我的，挑選高麗菜的時候要翻到背面，注意看看「葉梗」。據說背面5道葉梗的間距均等分布者，代表生長均勻，比較好吃。
此外，高麗菜很容易從菜心開始損壞，所以在查看葉梗的同時也要順便檢查菜心。如果菜心已經開始變色，很可能採收後已經放置一段時間了。

炸物和高麗菜 在營養方面也非常相配！

您有沒有想過，「為什麼炸豬排要搭配高麗菜呢？」
因為高麗菜中含有一種叫做「高麗菜精（Cabagin）」的成分，有助於胃部機能，所以可以防止油炸食物損傷胃部。
此外，先吃下富含膳食纖維的高麗菜，比較不容易發胖。容易消化不良的人，請試著把油炸的料理連同高麗菜一起食用。

盛產期	春高麗菜：3～5月　冬高麗菜：12～2月 高原高麗菜：6～9月	※全書刊載之盛產期皆以日本當地狀況為準。
營養	高麗菜中的維生素U又稱為高麗菜精，這種營養素也成為日本一款知名胃腸藥的商品名稱。與油炸食物一起食用可以減輕胃部的負擔。	

這樣做就很耐放！

冷藏	用牙籤或叉子刺入菜心深處，破壞生長點。用紙包好裝進塑膠袋中，然後放入冷藏室保存。	〔標準〕約2週
冷凍	切成容易入口的大小之後，仔細清洗。徹底擦乾水分之後裝進保鮮袋中，然後放入冷凍室。	〔標準〕約1個月

讓高麗菜
吃起來更美味

高麗菜要依照各個部位分別使用

根據部位的不同，高麗菜的味道和口感也有所不同。 請試著配合料理的型態分別使用吧。
儘管外葉又硬又有草腥味，不過直接丟棄的話就太浪費了。 雖然沒有甜味，口感堅硬，可是它的「清脆感」卻能為炒麵或熱炒料理增添不少風味。

內葉沒有特殊的異味，使用起來相當方便，所以無論什麼料理都可以輕鬆使用。
帶有草腥味的外葉很難用來製作燉煮料理，但內葉的話就不成問題。
由於內葉也具有清脆的口感，因此也最適合用來製作熱炒料理。

中心葉以甜味很強，口感柔軟為特徵。
可以將它做成沙拉等生食，也可以利用它的甜味加入湯品中。

高麗菜營養價值最高的部位是菜心。 菜心的特徵是甜味比葉片更強，具有草腥味。 加熱之後，甜度會增加，草腥味則會消失。 建議將它做成咖哩或熱炒料理，也可以加入湯品或是煎餃的餡料中。

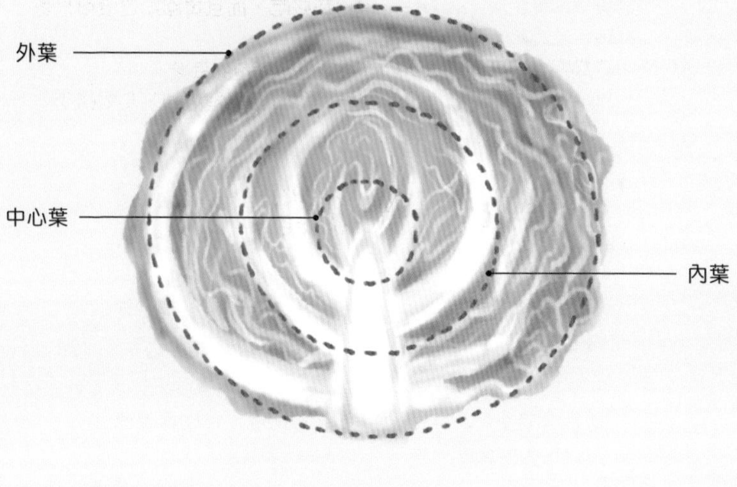

高麗菜全年都很美味

蔬菜皆有其盛產的季節，若不是當令的蔬菜，味道和營養價值都會降低。不過，一年四季都有美味的高麗菜上市。春季是春高麗菜的盛產期。因為葉片柔嫩多汁，所以適合做成沙拉和淺漬泡菜。夏季則是葉片稍厚且柔軟、生食或加熱都好吃的高原高麗菜上市。冬季又有葉片肥厚、包捲得很緊實的冬高麗菜上市。因為冬高麗菜的葉片很結實，所以最適合用來製作熱炒料理和火鍋。加熱之後，甜度增加，會變得十分美味。

春高麗菜
的挑選重點

- 菜心的切面為50元硬幣的大小
- 帶有外葉
- 包捲蓬鬆且重量輕
- 翠綠色

冬高麗菜
的挑選重點

- 翠綠色
- 帶有外葉
- 手感沉重
- 菜心的切面白又乾淨

※高原高麗菜的挑選方法與冬高麗菜相同

切開的高麗菜要選用切面為黃色者

已經切開的高麗菜，請選擇切面為黃色者。
切開的高麗菜在過了一段時間之後，由於光合作用，黃色的切面會變成綠色。切面為黃色的高麗菜比較新鮮，也比較好吃，而且買回家之後可以保存較久的時間。
切開的高麗菜買回家之後，常常會因新鮮度變差而遭到丟棄。
只要購買新鮮高麗菜的人增多，就能減少高麗菜在家裡遭到丟棄的情形，對於生產商、超市，還有消費者都有好處。

隨著時間經過，
從黃色變成綠色

寒冷孕育出的美味
冬季最想吃的葉菜類蔬菜

白菜（紹菜）

葉脈左右對稱的白菜
生長均衡又美味
如果菜心是50元硬幣的
大小，就會適度地吸收營養
菜心的切面呈白色者，
表示才剛採收不久

一整棵白菜要注意重量，剖半的白菜要注意顏色

如果想挑選糖分高又美味的白菜，請選擇手感沉重者。當白菜在寒冷中生長時，會儲存糖分以免細胞凍結，因而變甜。**「重量＝甜度」**。購買一整棵白菜時，要選擇頂端緊閉，一直包捲到尖端，手感沉重的白菜。已經切開的白菜，儘管要視品種而定，不過基本上請選擇切面呈黃色的白菜。把白菜切開，陳列在賣場中的話，原本黃色的切面會逐漸變成綠色。這是由於白菜即使在賣場的燈光下，也會因進行光合作用而繼續生長所致。一旦發生這種情形，不但葉子會變硬，味道也會變差。此外，由於繼續生長的白菜，切面會鼓起來，因此請選擇切面呈黃色，而且平整的白菜。

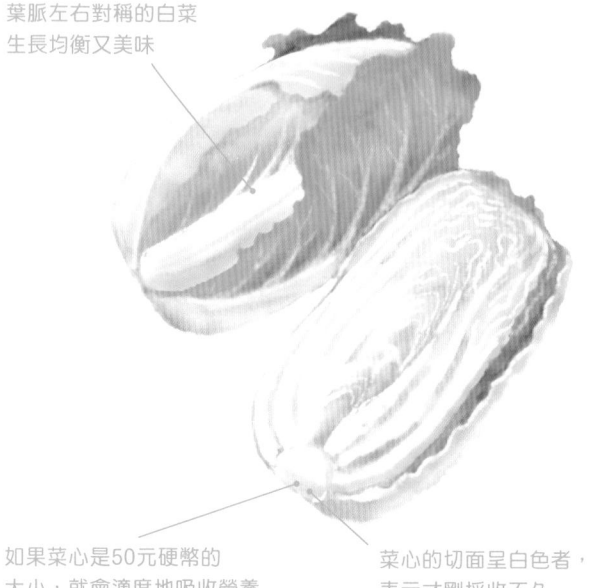

出現斑點的白菜，請享用！

經常有顧客問我：「把外葉剝除之後，發現白菜有斑點，吃了也沒問題嗎？」
出現斑點的白菜是可以食用的。與其說可以食用，倒不如說，請享用！白菜上面的斑點只是顯現在表面的多酚。所以即使吃下去也沒關係。
不過，「由於白菜在寒冷中長出斑點，因此有斑點的白菜比較甜」，這個說法其實並不正確。形成斑點的原因是過多的氮或壓力所造成的。沒有必要刻意選擇有斑點的白菜。

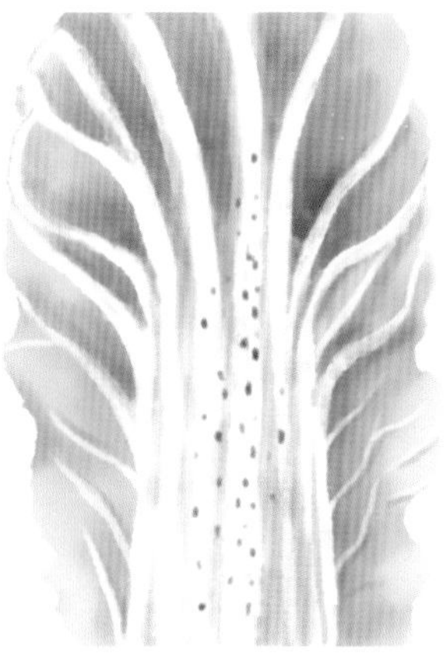
扔掉就太可惜了！

從內側開始食用
美味可以更持久

從內側的葉子開始吃吧

已經切開的白菜請從內側的葉子開始吃起，這樣一來會比較好吃又更耐放。
白菜在菜心偏上方的地方有一個使蔬菜生長的「生長點」，它在吸收外葉的養分之後會長出內葉。如果先留下內葉的話，生長點就會從可食用的部分吸取水分和養分，時間一久，白菜的味道就會變差。先從內葉開始使用，白菜就不會繼續生長，可以防止養分流失。

盛產期	11～2月		
營養	白菜中含有比較多的鉀。攝取過多鹽分的話對身體有害，但是攝取鉀可以抑制鹽分的吸收，並且促進鹽分從尿液排出體外。		
這樣做就很耐放！	冷藏	如果是一整棵白菜的話，用紙包好，保存在室溫中。切開的白菜則是用紙包好，裝進塑膠袋中，然後放入冷藏室。	〔標準〕2～3週（切開的白菜：5日）
	冷凍	將葉子一片一片清洗乾淨之後擦乾水分。切成大塊，裝進保鮮袋中，然後放入冷凍室。	〔標準〕3～4週

菠菜

食用
葉子或莖部

冬季時甜度和營養都增高！營養豐富的餐桌好夥伴

葉尖枯萎者已經
採收一段時間了
像這樣以葉脈為中心可以整齊對摺、
葉子左右對稱的菠菜，是優良的商品
根部為紅色者，甜味更重

尋找葉片肥厚、根部呈紅色的菠菜

冬季的菠菜請選擇根部為紅色者。根部的紅色是製造鐵和骨骼的錳等礦物質的顏色。當菠菜在嚴寒中生長時，根部會變紅，產生礦物質等營養成分和糖分，因而變甜。此外，建議挑選葉尖直挺，葉肉肥厚，綠色鮮翠的菠菜。如果連葉子的背面都是翠綠色，那就更好了。請選擇莖部粗大且有彈性，從根部的附近長出密集的葉子，分量十足的菠菜。還要觀察葉尖是否直挺。葉菜類蔬菜的葉尖很容易顯現出新鮮度的差異，以菠菜來說，一旦新鮮度下降時，葉尖就會枯萎。即使從包裝袋的正面看，葉子很漂亮，不過看背面時，葉子可能已經爛掉了，因此最好正反兩面都查看過後才購買。

食用菠菜
真的會造成尿路結石嗎？

有一種說法是「因為菠菜中含有許多草酸，所以吃多了會造成尿路結石」。攝取過量的草酸會增加罹患尿路結石的風險。但是，實際上要吃下多少的菠菜才會因攝取過量而導致尿路結石，目前還不是很清楚。

順便說一下，每100g的菠菜含有700mg的草酸，不過其他食物也含有草酸，例如可可含有700mg，高麗菜含有300mg，因此我認為只擔心菠菜也不太正確。草酸是水溶性的，烹煮3分鐘的話，就能減少3～5成的草酸。

夏季經常會用到
便利的冷凍菠菜！

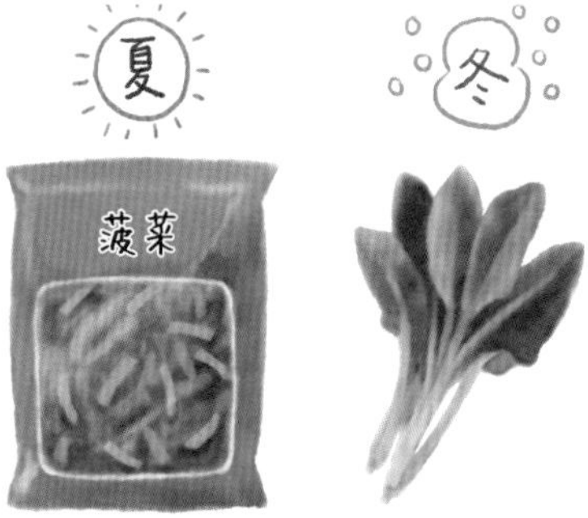

菠菜的盛產期在冬季，可是到了現代，即使在夏季也買得到。不過，夏季採收的菠菜與冬季菠菜相較之下，維生素C的含量大約減少至三分之一。據說β-胡蘿蔔素也是冬季菠菜的含量比較豐富。因此建議大家在夏季時使用冷凍菠菜。也許在一般人的印象中，「冷凍蔬菜沒有營養」，但很多冷凍蔬菜都是在盛產期採收之後瞬間冷凍，所以營養非常豐富。

盛產期	11～1月		
營養	菠菜含有豐富的β-胡蘿蔔素。β-胡蘿蔔素會轉化成維生素A，可望維持皮膚和黏膜的健康。此外，鐵和鈣的含量也相當豐富。		
這樣做就很耐放！	冷藏	用紙包好，裝進塑膠袋中，直立放入切開的寶特瓶或牛奶盒中，然後放入冷藏室保存。	〔標準〕約1週
	冷凍	清洗乾淨之後徹底擦乾水分。切成容易入口的大小之後，分成小分量，以保鮮膜包好。裝進保鮮袋之中，然後放入冷凍室。	〔標準〕約3～4週

小松菜

食用
葉子或莖部

鈣、鐵的含量豐富
甜度也會因寒冷而增加！

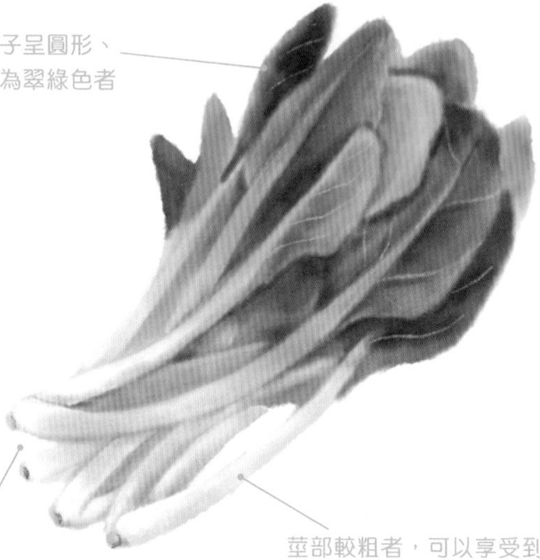
選擇葉子呈圓形、
肥厚且為翠綠色者
清脆的口感
別名「冬菜」。天氣越冷含糖量
就越高，所以推薦冬季享用

選擇莖粗、葉厚、顏色鮮豔者

請選擇莖部粗而結實的小松菜。葉子呈翠綠色且肥厚即是良品。葉子的形狀呈圓形者，不會有很多筋，所以建議大家採用。

生長過度的小松菜變硬之後，口感會變差，所以最好摸摸看葉子，選擇葉片柔軟者。

當我在工作中檢查小松菜的新鮮度時，就像菠菜一樣，會觀察葉尖。以小松菜來說，比起檢視葉尖是否枯萎，更重要的是檢查葉尖的顏色。**葉尖變黃的小松菜代表不新鮮，營養成分流失，口感和味道也都變差了。**

此外，莖部顏色變成半透明的小松菜通常鮮度也不高，所以最好也別選。

小松菜即使不加熱
也能享用

實際上，「涼拌小松菜」是一道不用加熱也能製作出來的菜餚。
①清洗小松菜
②切成容易入口的大段
③瀝乾水分，裝進保鮮袋中，然後放入冷凍室

想吃的時候，從冷凍室取出，將麵味露直接加入袋子裡，在室溫中解凍15分鐘。只需這樣做，不需動用鍋子或微波爐也可以享用涼拌小松菜。

鐵質是思考力的強大盟友
小松菜含有超豐富的鐵質！

小松菜在葉菜類蔬菜中鐵質的含量最高。與一般人印象當中富含鐵質的菠菜相較之下，小松菜的含鐵量比菠菜多達3.5倍。即使在全部的蔬菜中也僅次於荷蘭芹，是鐵質含量第二多的蔬菜。
鐵質有助於將氧氣輸送到全身。一旦鐵質不足，思考力、學習力和記憶力就會下降。如果讓學生吃小松菜的話，也許就可以集中精神用功學習。

盛產期	11～3月		
營養	小松菜的鈣質含量是菠菜的3.5倍。鈣質可望有維持骨骼健康的效果。維生素C、β-胡蘿蔔素和鐵質的含量也非常豐富。		
這樣做就很耐放！	冷藏	用紙包好，裝進塑膠袋中。直立放入切開的寶特瓶或牛奶盒中，然後放入冷藏室保存。	〔標準〕約1週
	冷凍	清洗乾淨之後徹底擦乾水分。切成容易入口的大小之後，分成小分量，以保鮮膜包好。裝進保鮮袋中，然後放入冷凍室。	〔標準〕約3～4週

食用
葉子或莖部

萵苣（生菜）

用來煮湯或熱炒都很美味，與各種食材搭配也非常出色！

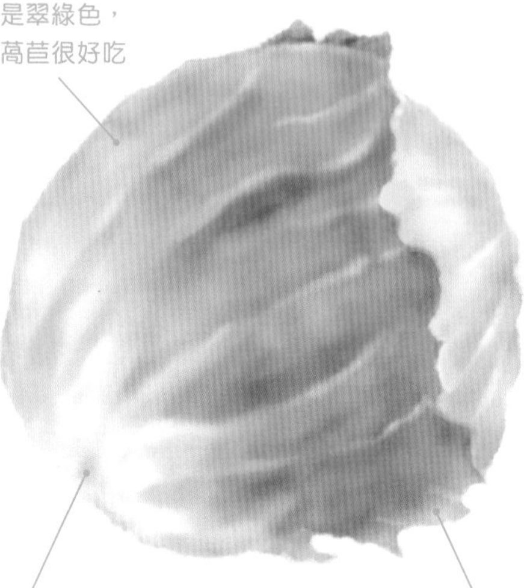
連葉子尖端都是翠綠色，
而且重量輕的萵苣很好吃
紅葉萵苣、皺葉萵苣（如
Green-leaf、Frill Lettuce）
等的挑選方法也是如此
菜心的切面約5元硬幣大小者，
吸收的養分恰到好處，生長速
度適中

重量輕和葉子・菜心切面的顏色是美味程度的指標

請選擇葉子包捲蓬鬆，並且拿起來有輕盈感的萵苣。雖然包捲緊密、有重量感的萵苣分量十足，但是生長過度的萵苣，葉子很硬，而且非常有可能釋出苦味。**大部分的蔬菜都被認為重量越重，所含的水分越多、越美味，不過請先記住「若是萵苣的話正好相反」。**

當我檢查萵苣的新鮮度時，會查看外葉是否枯萎，葉子是否變色，以及菜心的切面是否變成粉紅色。

賣場也經常會販售切成兩半的萵苣，可是萵苣切開之後，隨著時間一久，菜心的切面會漸漸變成粉紅色，所以請盡可能選擇菜心的切面呈白色的萵苣。

如果重視營養的話，建議使用紅葉萵苣

如果重視營養的話，請食用「紅葉萵苣」而非呈圓形的結球萵苣。
比起結球萵苣，紅葉萵苣的β-胡蘿蔔素是8倍，維生素C是3倍，維生素E是4倍，鉀是2倍，營養非常豐富。此外，蘿蔓萵苣和皺葉萵苣也比結球萵苣含有更多的營養成分。蘿蔓萵苣的營養價值雖然比結球萵苣高，但卻低於紅葉萵苣和皺葉萵苣，而皺葉萵苣比紅葉萵苣含有更多的β-胡蘿蔔素。

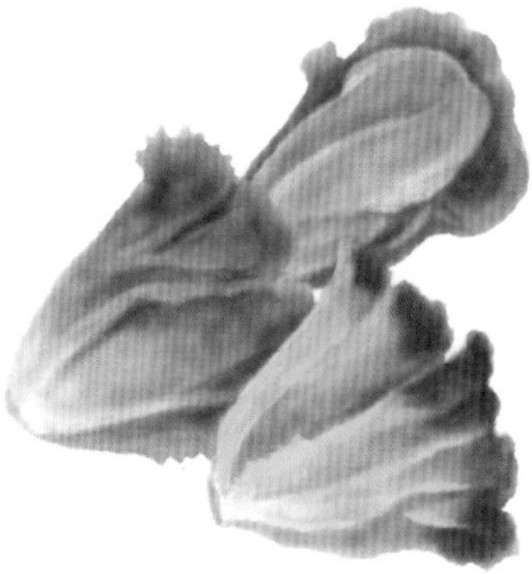
不要用刀子切萵苣
而是用手撕碎後食用

液體的原形
是一種多酚，稱為「乳草」

選擇菜心呈白色或是滲出白色液體的萵苣

切開菜心的時候，會滲出白色的液體。剛切開的新鮮菜心會滲出白色的液體，隨著時間一久，菜心會逐漸變色成粉紅色。有些超市架上陳列的是切開菜心的萵苣，因此儘管不能一概而論，不過作為新鮮度的一個指標，比起選擇菜心的切面是粉紅色的萵苣，請盡量選擇切面呈白色，或是有白色液體滲出的萵苣。

盛產期	4月、10～11月		
營養	結球萵苣有90%以上是水分，特別是沒有包含許多營養素。紅葉萵苣含有大量的β-胡蘿蔔素，所以可望維持皮膚和黏膜的健康。		
這樣做就很耐放！	冷藏	將3根牙籤插入菜心的深處，然後裝進塑膠袋中。放入冷藏室保存。	〔標準〕約1～2週
	冷凍	一片一片仔細清洗菜葉，徹底擦乾水分。撕碎成容易入口的大小之後，裝進保鮮袋中，然後放入冷凍室。	〔標準〕約3週

食用
葉子或莖部

無論是燒烤、烹煮還是作為辛香料，經常利用其辣味和香氣製作料理！

長蔥・青蔥

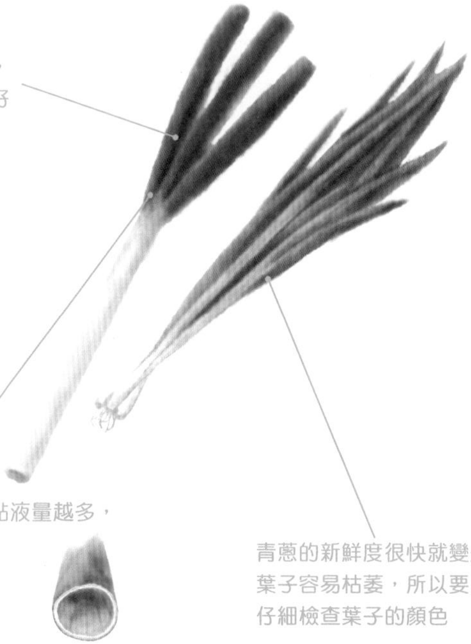
綠色鮮翠者，
新鮮度也很好
葉子內側的黏液量越多，
甜味越強
青蔥的新鮮度很快就變差，
葉子容易枯萎，所以要
仔細檢查葉子的顏色

選擇葉子內側有黏液、葉子直挺的蔥

選擇長蔥的時候，請選擇葉子的綠色鮮翠、根部白而乾淨，「葉子的綠和莖部的白兩者的對比」非常鮮明的長蔥。此外，葉子的內側也是重點所在。**葉子內側的黏液以纖維素等為主要成分。蔥的黏液越多，甜味就越強。**

如果白色部分變黃，或是碰觸時鬆鬆垮垮的，則表示新鮮度逐漸下降。

當我檢查蔥的時候，會盡量查看是否有彎曲的狀況。不論長蔥或青蔥，一開始都是直挺的，但是採收之後隨著時間一久就會逐漸彎曲。雖然如果沒有變色的話，食用是不成問題的，不過隨著時間一久，腐壞是遲早會發生的事，所以最好還是選擇外形直挺的蔥。

將青蔥切成蔥花之後保持鬆散不結塊的冷凍方法

將青蔥切成蔥花冷凍起來的話，就可以長期保存，想用的時候取出想用的分量，非常方便。可如果以一般的方式裝進保鮮盒中然後冷凍的話，蔥花會結成一整塊，要用湯匙戳散之後取出，變得很麻煩。

因此，請試著依照下列的步驟冷凍吧。

①將切成蔥花的青蔥裝進保鮮盒中

②從上面覆蓋紙

③將保鮮盒的蓋子朝下，放入冷凍室

④使用時取出紙張

讓紙吸收水分，蔥花就不會緊黏結塊，能保持鬆散的狀態冷凍起來。

為什麼萬能蔥是「萬能」的呢？

購買青蔥的時候，是否拿不定主意究竟要買「萬能蔥」還是「小蔥」呢？

萬能蔥其實並非特定品種的名字，而是一種以「福岡縣JA筑前ASAKURA」註冊為商標的青蔥商品名稱。昭和時代以長蔥為主流，對於全是綠色部分的青蔥不熟悉，商品賣不出去，所以用「可生食」、「可烹煮」、「可做辛香料」樣樣萬能的訴求來吸引顧客，以萬能蔥這個名稱而聞名，這就是萬能蔥的由來。此外，九條蔥也是青蔥的品牌名稱。

盛產期	**長蔥：11～2月　青蔥：11～2月**		
營養	含有豐富的香氣成分二烯丙基二硫。與豬肉等食材中富含的維生素B_1一起攝取，可望具有消除疲勞的效果。		
這樣做就很耐放！	**冷藏**	切成1/3，用紙包好。直立放入切開的寶特瓶或牛奶盒中，然後放入冷藏室保存。	〔標準〕約1週
	冷凍	將長蔥清洗乾淨之後擦乾水分，切成容易入口的大小。分成方便使用的分量，以保鮮膜包好，裝進保鮮袋中，然後放入冷凍室。※青蔥則請參照本頁的上方	〔標準〕約1個月

食用
葉子或莖部

洋蔥

一年四季都好吃
可以襯托所有料理的萬能選手

摸摸洋蔥的頂部，如果是柔軟的，
有可能是腐爛了
重量輕的洋蔥
可能內部是空心的
圓胖、具有重量感的洋蔥，
清脆多汁很美味

選擇表皮乾燥而且拿起來有沉重感的洋蔥

請選擇堅硬而且表皮乾燥的洋蔥。**因為洋蔥要先乾燥之後才儲存，所以最好選擇乾燥到表皮薄脆且帶有透明感的洋蔥。**當我檢查洋蔥的新鮮度時，會查看是否沒有發芽，或是根部是否不會太長。這是由於過度生長的洋蔥，風味會變差，營養會變少的緣故。儘管洋蔥是保鮮期長的蔬菜，很少發生腐壞的情形，不過頂部變軟的洋蔥，非常有可能已經腐壞了。為了慎重起見，最好先確認清楚以防萬一。

偶爾會在表皮上看到的黑色斑點是一種黑黴菌。黴菌不會繁殖到洋蔥裡面，所以剝除表皮之後就沒有問題，可以食用，但如果看了很不舒服的話，就盡量不要吃。

用微波爐加熱一整顆洋蔥

加熱過的洋蔥又甜又好吃。在以微波爐加熱之後，就能輕鬆地享用一整顆美味的洋蔥。步驟如下。

①切除兩端
②在頂部切入4道切痕
③在上面擺放奶油和乳酪
④包覆保鮮膜之後，放入600W的微波爐中加熱6分鐘

依個人喜好淋撒荷蘭芹、醬油、鹽和胡椒調味就完成了。味道溫和，非常可口。

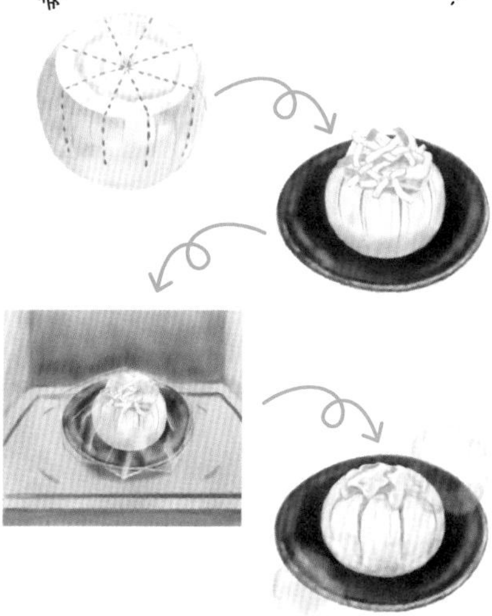
黏～滑又熱呼呼的洋蔥好好吃！

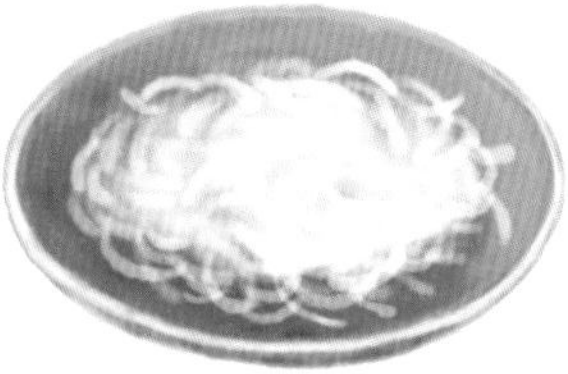
如果泡在水裡，
營養就會流失！

切好之後暴露在空氣中，營養會更豐富

洋蔥的營養豐富，有「一天一洋蔥，醫生遠離我」的說法。
洋蔥具有燃燒脂肪、降低血壓、防止血栓、降低血糖值、抗過敏作用、滋養強壯、解毒作用等各式各樣的功效。
將洋蔥切碎，例如切成薄片、碎末等，然後暴露在空氣中15分鐘，營養會變得更豐富！

盛產期	洋蔥：8～12月　新洋蔥：4～5月		
營養	洋蔥的香氣成分中含有豐富的二烯丙基二硫。與豬肉等食材中富含的維生素B_1一起攝取，可望具有消除疲勞的效果。		
這樣做就很耐放！	常溫	存放在通風良好的地方（夏季時用紙包好，放入蔬果室。新洋蔥放入蔬果室）。	〔標準〕約2個月
	冷凍	切成方便使用的大小之後，分成小分量，以保鮮膜包好。裝進保鮮袋中，然後放入冷凍室。	〔標準〕約1個月

食用
葉子或莖部

新洋蔥

適用於沙拉・生食
初春上市的洋蔥

如果長出了葉子，
選擇手感沉重、表皮帶有光澤的洋蔥

如果要選擇鮮嫩多汁的洋蔥，請選擇拿起來有沉重感的洋蔥

請選擇拿起來有沉重感的新洋蔥。沉重的新洋蔥充滿水分，鮮嫩多汁。表皮帶有光澤的洋蔥代表是新鮮度佳的商品。新洋蔥不同於普通的洋蔥，更容易腐壞，如果不選擇新鮮的商品，會很快就發黴，最後變得無法食用。

有的商店是在常溫中販售新洋蔥，但是在常溫的狀況下，隨著時間一久新洋蔥就會發黴。仔細觀察的話，可能會發現毛茸茸的黴菌附著在表面，所以要留意在室溫中販售的新洋蔥。不過，表皮變黑的新洋蔥，就像普通的洋蔥一樣，食用是沒有問題的。帶有葉子的新洋蔥，要選擇葉子又綠又新鮮的商品。如果沒有葉子的話，請試著輕輕按壓頂部。頂部變得鬆鬆軟軟的新洋蔥就是腐壞的現象。

適合長期保存的洋蔥和適合生食的新洋蔥

洋蔥在秋季採收之後，為了能在市面上流通一整年，需要經過徹底乾燥，可以長期保存之後才上市。另一方面，新洋蔥在採收之後，未經乾燥的程序就立即出貨。換句話說，兩者的差別在於「是新鮮或是經過乾燥的商品」。

新洋蔥的水分多，辣度較低，因此適合生食。

雖然兩者的營養成分差別不大，但是新洋蔥的水分比較多，很容易腐壞，所以要存放在蔬果室，並且盡快使用完畢。而洋蔥，除了夏季之外，存放在室溫的陰涼處可長達一個月之久。

洋蔥經過乾燥之後在市面上流通

充分冷卻也是避免流淚的策略之一

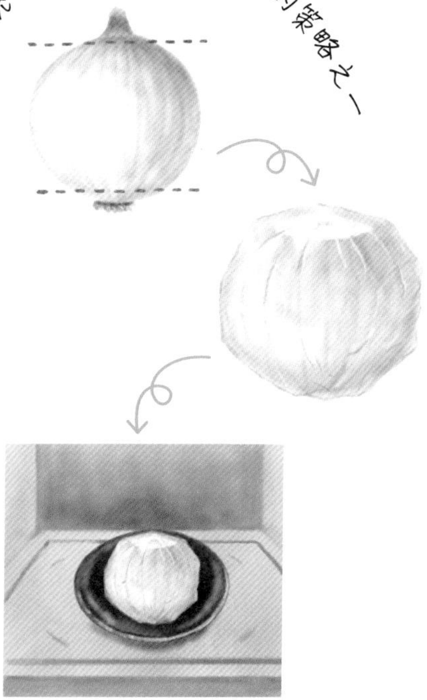

這麼做就不會再哭泣了！設法不流淚的密技

切洋蔥時會流淚，原因在於洋蔥的細胞遭到破壞之後，其中二烯丙基二硫這個成分氧化，刺激到眼睛和鼻子的黏膜。

二烯丙基二硫不耐熱，所以切掉洋蔥的兩端之後，用保鮮膜包好，放入500W的微波爐中加熱2分鐘。表皮也變得可以輕易剝除。如果剝除表皮之後再加熱的話，在500W的微波爐中加熱30秒就沒問題了。

此外，如果想把洋蔥做成沙拉，就不會想加熱。那樣的話，將洋蔥放在冷藏室中充分冷卻之後再切，就可以抑制二烯丙基二硫的氧化，比較不容易流淚。

戴上口罩之後啟動換氣扇，然後切洋蔥，這個方法也很有效。

食用
葉子或莖部

青花菜

（西蘭花）

含有頂級營養
有益健康的蔬菜

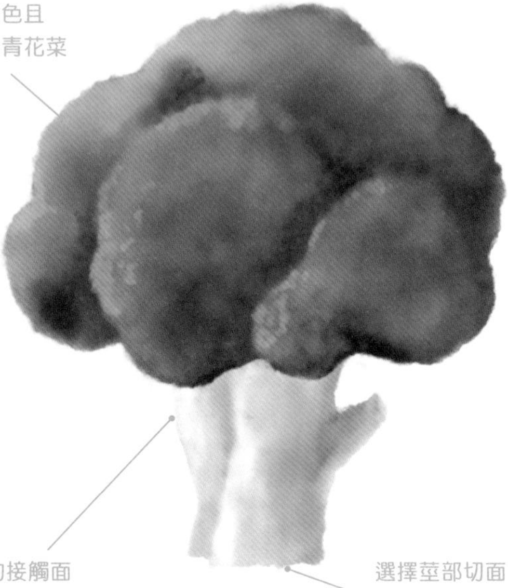
花蕾呈鮮綠色且
緊密聚集的青花菜
與陳列架的接觸面
容易損傷，要仔細查看
沒有空洞的青花菜

無論如何，要注意花蕾！依照顏色和形狀判別美味程度

選擇青花菜的時候，請檢視花蕾的顏色。基本上，最好選擇花蕾呈翠綠色的青花菜，但是當冬季變冷時，帶有紫色花蕾的青花菜會逐漸增多。這是在寒冷的環境中生長，產生花青素的證明。由於具有強烈的甜味，因此推薦大家使用。採收之後，隨著時間一久，花蕾會開花，然後變成黃色。開了花的青花菜，味道會變差，建議確實檢視過後再購買。

還要檢查花蕾的形狀。請選擇花球大而飽滿，一個個花蕾小而緊緊密合的青花菜。

此外，莖部有空洞的青花菜，纖維已經變硬，所以盡可能不要選購。

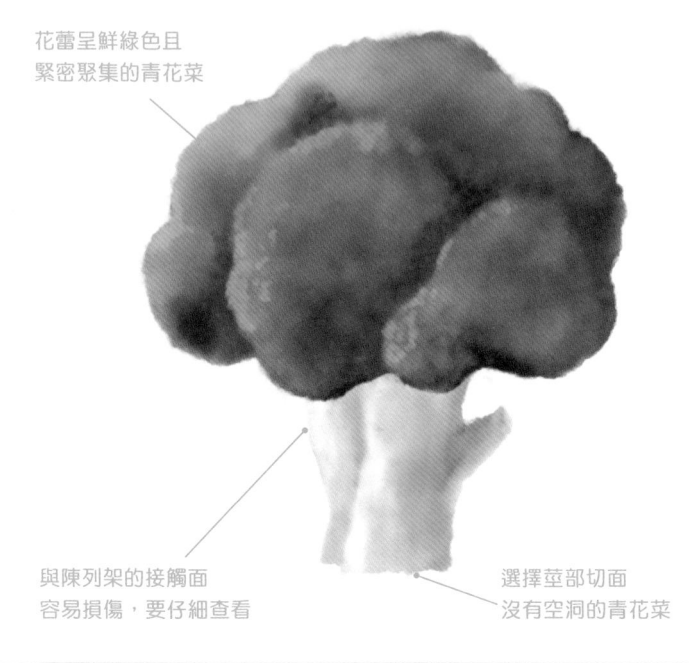

鮮為人知的青花菜清洗方式

青花菜的花蕾中潛藏了許多小蟲和髒汙。用心清洗，徹底洗去髒汙之後再享用吧。

①摘除多餘的葉子
②將花蕾朝下，裝進塑膠袋中
③將水裝進塑膠袋中，直到淹過花蕾
④以缽盆等固定，靜置15分鐘
⑤在水中充分搖動

只需這麼做，隱藏的小蟲和髒汙就會浮出。隱藏於深處的小蟲在快窒息時也會出來，所以請務必嘗試看看。

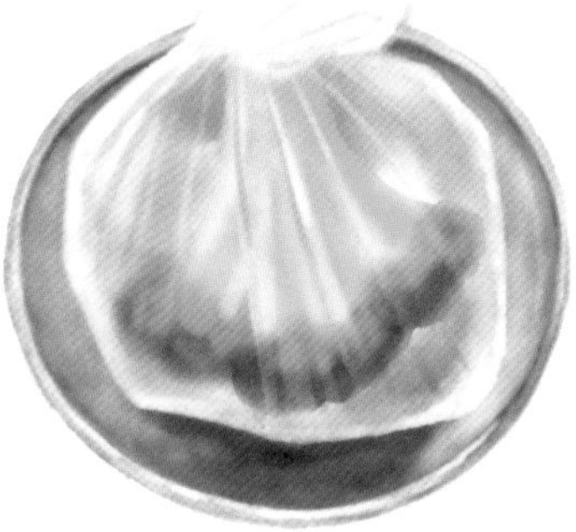

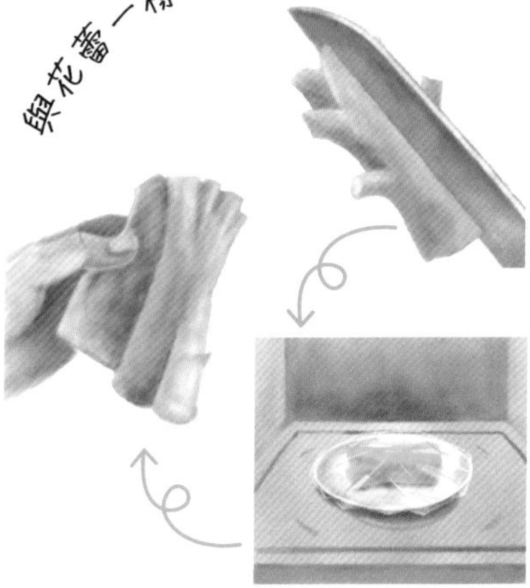

讓青花菜的莖部更加美味的吃法

「雖然想吃青花菜的莖，不過外皮很硬，而且不知道怎麼吃」，有這種想法的人，請先學習輕鬆去皮的方法吧。

①在外皮縱向切入1道切痕
②以600W的微波爐加熱1分鐘

去皮之後的菜心，柔軟又順口，推薦給大家。總是將菜心丟棄的人，請嘗試一次看看。

盛產期	11～3月	
營養	青花菜含有大量的蛋白質，而且相當健康。對於進行肌力訓練的人來說，是不可或缺的蔬菜。營養素的分量也在蔬菜中居冠。	
這樣做就很耐放！ 冷藏	用紙包好，裝進塑膠袋中，直立放入冷藏室保存。	〔標準〕約1週
這樣做就很耐放！ 冷凍	仔細清洗乾淨之後徹底擦乾水分。分成方便使用的分量，以保鮮膜包好，裝進保鮮袋中，然後放入冷凍室。	〔標準〕約1個月

食用
葉子或莖部

花椰菜
（椰菜花）

含有豐富的維生素C
華麗的外觀為餐桌增色！

花蕾密集飽滿者，
新鮮度佳
選擇花蕾為乳黃色
而且沒有變色者
也有橙色和紫色的花椰菜，
要選擇沒有黑點者

如果要選購好吃的花椰菜，請注意花蕾。乳黃色的花蕾是新鮮度很好的狀態，不過隨著時間一久，新鮮度下降之後，就會變成黑色。

此外，還要檢視附著在花蕾周圍的葉子狀態。新鮮度佳的花椰菜，葉子是綠色的，但開始腐壞時會慢慢變成黃色。

盛產期	11～3月
營養	花椰菜含有豐富的維生素C。維生素C是產生膠原蛋白所必需的營養素，而膠原蛋白可以構成頭髮、指甲和皮膚。還可望帶來美肌的效果。
這樣做就很耐放！ 冷藏	用紙包好，裝進塑膠袋中。直立放入冷藏室保存。〔標準〕約1週
這樣做就很耐放！ 冷凍	仔細清洗乾淨之後徹底擦乾水分。分成方便使用的分量，以保鮮膜包好，裝進保鮮袋中，然後放入冷凍室。〔標準〕約1個月

清脆的口感令人吃了會上癮
想在火鍋或沙拉中吃到的日本特產蔬菜

食用
葉子或莖部

水菜

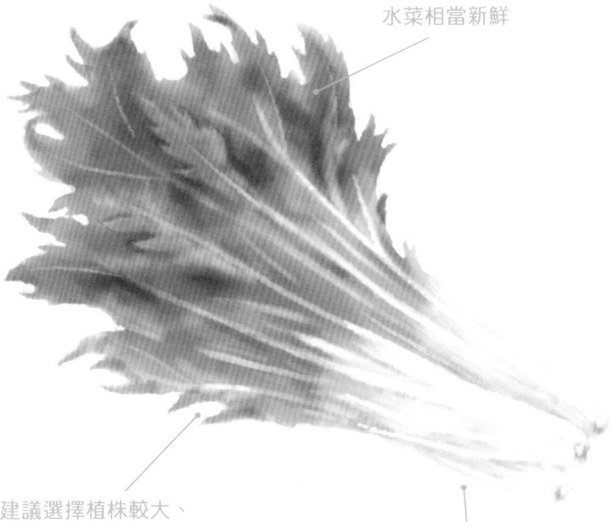
葉尖直挺、水嫩多汁的
拿在手上有重量感，
可以感受到彈性的水菜
在關東地區又稱為「京菜」

盛產期 12～3月

營養 水菜往往給人沒有營養的印象，但是鈣的含量卻大約是菠菜的4倍，而且在葉菜類蔬菜中，維生素C的含量也是最高的。

這樣做就很耐放！

冷藏 用紙包好之後將根部沾濕，裝進塑膠袋中。直立放進切開的寶特瓶或牛奶盒中，然後放入冷藏室保存。

〔標準〕約2週

冷凍 清洗乾淨之後徹底擦乾水分，切成容易入口的大小。裝進保鮮袋中，然後放入冷凍室。

〔標準〕約1個月

由於水菜的味道清淡，因此常被認為「沒有營養」，實際上卻是營養價值相當高的蔬菜。如果要選擇更有營養的水菜，請選擇葉子的綠色和莖部的白色形成鮮明對比的水菜。翠綠色的水菜，營養價值高，而莖部整體呈白色的水菜，新鮮度佳。

避免購買包裝袋中有水滴的水菜。因為水菜貯存了大量的水分，所以當新鮮度下降，變得不新鮮時，會失去水分，在包裝袋中形成水滴。

山茼蒿

食用
葉子或莖部

獨特的香氣和風味深受喜愛
是火鍋和涼拌小菜中的重要蔬菜

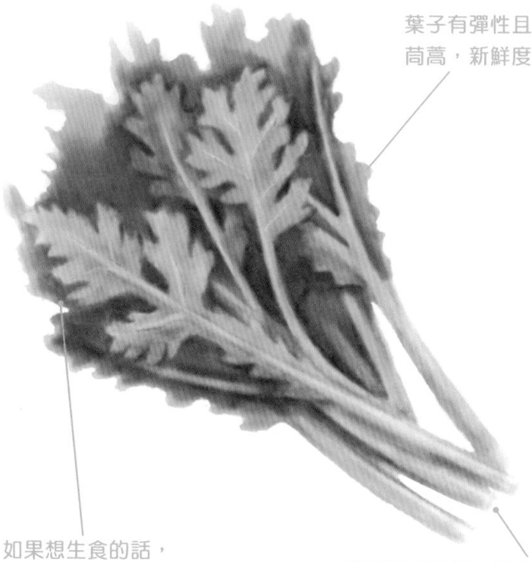
葉子有彈性且呈翠綠色的
建議使用柔軟的葉尖
選擇莖部的切面沒有變色，
水嫩多汁的山茼蒿

儘管知道的人不多，可山茼蒿其實有不同的種類。葉子大而寬的茼蒿，香氣和苦味等的風味很少，容易入口，而葉緣深裂的茼蒿則有強烈的風味。請盡可能配合個人的喜好或吃法來選擇。

美味的山茼蒿，莖部細小，葉子一直長到底部。莖部粗大的山茼蒿，因為過度生長，質地可能會變硬，所以要避免選購。

盛產期 11～2月

營養 山茼蒿的獨特香氣可望具有促進消化的效果。含有豐富的β-胡蘿蔔素，可望維持皮膚和黏膜的健康。

這樣做就很耐放！

冷藏 沾濕根部，用紙包好，然後裝進塑膠袋中。直立放進切開的寶特瓶或牛奶盒裡，然後放入冷藏室保存。
〔標準〕約2週

冷凍 清洗乾淨之後徹底擦乾水分。切成容易入口的大小之後，裝進保鮮袋中，然後再放入冷凍室。
〔標準〕約1個月

可望具有消除疲勞和增強活力的效果 營養豐富的蔬菜

食用
葉子或莖部

蘆筍

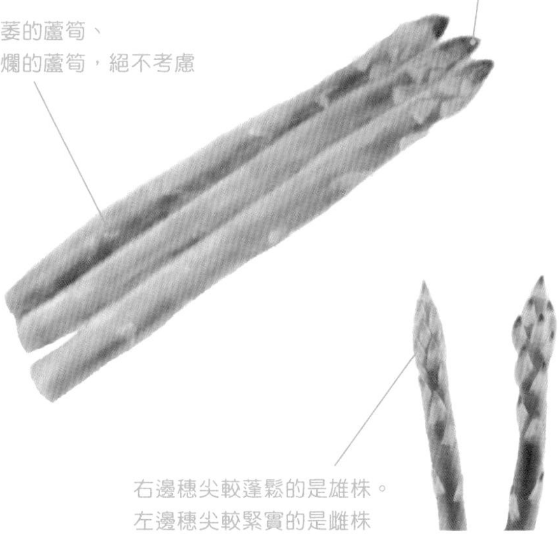
從穗尖開始腐壞，
並且隨著腐壞漸漸變爛
全體枯萎的蘆筍、
切面軟爛的蘆筍，絕不考慮
右邊穗尖較蓬鬆的是雄株。
左邊穗尖較緊實的是雌株

挑選蘆筍的時候，首先要檢視是雄株還是雌株。蘆筍有性別之分，雄株以具有嚼勁，雌株則以口感柔嫩為特徵。一般來說，口感柔嫩的雌株似乎比較受歡迎，不過還是請配合個人的喜好或用途來選擇。

採收之後隨著時間一久，切面會變乾，逐漸泛白，因此最好選擇切面鮮嫩多汁的蘆筍。

盛產期		4～7月
營養		蘆筍含有豐富的β-胡蘿蔔素。β-胡蘿蔔素轉化成維生素A，可望維持皮膚和黏膜的健康。此外，維生素E和K的含量也相當豐富。
這樣做就很耐放！	冷藏	用紙包好，裝進塑膠袋中。直立放入切開的寶特瓶或牛奶盒中，然後放入冷藏室保存。〔標準〕3～5日
	冷凍	切除根部，剝除根部側的外皮。以微波爐600W加熱1分30秒，稍微放涼之後擦乾水分。裝進保鮮袋中，然後放入冷凍室。〔標準〕約1個月

竹筍

食用
葉子或莖部

香氣和口感令人著迷
春天的代表食材

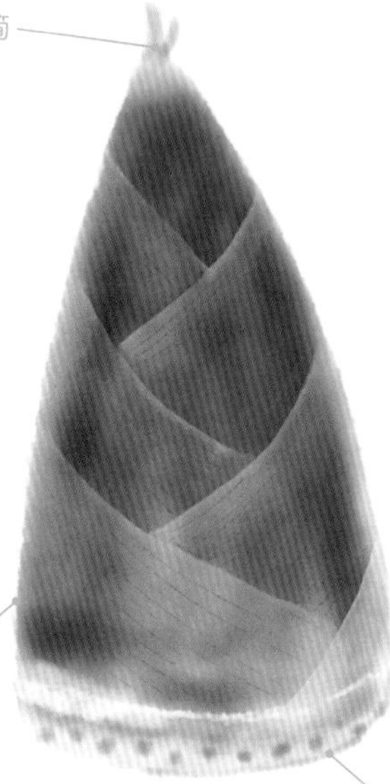
選擇筍尖為黃色的竹筍
如果長期放置在家中，澀味會變得強烈，所以購買之後請立刻使用
外皮和切面水嫩多汁的竹筍

若要選擇好吃的竹筍，請選擇筍尖是黃色的。筍尖發黑或呈綠色的竹筍，澀味強烈，很有可能不適用，所以要避免選購。

拿在手中時是否有沉重感也是挑選時的重點。當我在工作中檢查新鮮度時，會查看切面的顏色。隨著時間一久，切面會變色。剛切開時呈白色水嫩的狀態，不過會逐漸變成褐色。

盛產期　3～5月

營養　竹筍含有豐富的膳食纖維。攝取膳物纖維具有改善便祕的效果，藉由排出老舊廢物，最後可望帶來美容的效果。

這樣做就很耐放！

冷藏　以米糠或小蘇打烹煮，去除澀味，然後在保鮮盒中裝滿水，放入竹筍。放入冷藏室。※要每天換水。
〔標準〕約5日

冷凍　以米糠或小蘇打烹煮，去除澀味，然後切成容易入口的大小。連同高湯一起裝進保鮮袋中，然後放入冷凍室。
〔標準〕約1個月

食用葉子或莖部

鴨兒芹（山芹菜）

清爽的香氣是為料理增色的知名配角

葉子變成黃色的鴨兒芹，

超市挑選的重點

鴨兒芹很快就會失去新鮮度，難以保存。盡可能不要買葉子已經爛掉的商品。

糸鴨兒芹和根鴨兒芹的口感和風味截然不同，請依照個人喜好或料理分別使用。因為糸鴨兒芹是還在細小的狀態時上市的，所以口感柔嫩，而且風味並不強烈。適合用來為茶碗蒸或蓋飯增添香氣，而且因為口感柔嫩，所以也適合製作成沙拉。相反的，根鴨兒芹的風味強烈，口感也相當扎實，因此可以添加在油炸食物或香氣濃郁的食物中，或是將根部加入熱炒料理中，吃起來都很美味。

盛產期 3～5月

營養 鴨兒芹含有豐富的β-胡蘿蔔素。β-胡蘿蔔素轉化成維生素A，可望維持皮膚和黏膜的健康。此外，還含有豐富的維生素E和K。

這樣做就很耐放！

冷藏 用紙包好，裝進塑膠袋中。直立放入切開的寶特瓶或牛奶盒中，然後放入冷藏室保存。

〔標準〕 約1週

冷凍 仔細清洗乾淨之後徹底擦乾水分。切成容易入口的大小之後，分成小分量，以保鮮膜包好。裝進保鮮袋中，然後放入冷凍室。

〔標準〕 約3～4週

食用
葉子或莖部

韭菜

有助於促進食慾 夏季的活力食材

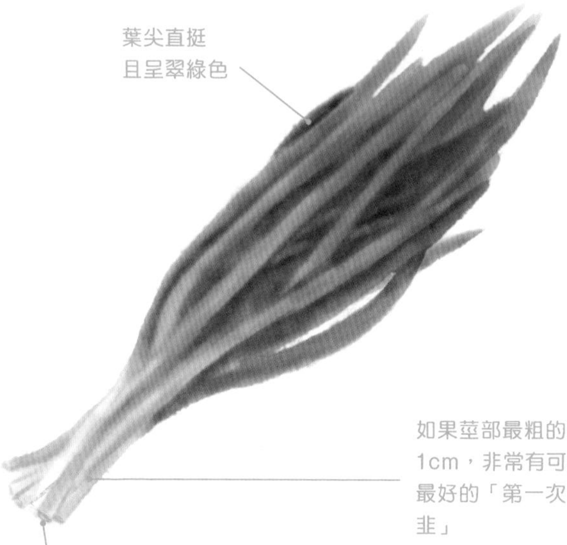
如果莖部最粗的部分超過1cm，非常有可能是品質最好的「第一次收割的春韭」
如果握住根部時整株不會彎曲，代表新鮮度相當好

好吃的韭菜有葉色翠綠、葉尖直挺、根部的切面水嫩多汁、香氣濃郁這4個特徵。不過，太過深綠的韭菜可能會有強烈的苦味，需多加留意。

還有一種叫做「韭黃」的韭菜。韭黃以具有甜味，口感柔軟為特色。因為韭黃會由黃色轉變成綠色，所以最好避開綠色的韭黃，選擇黃色的韭黃。

盛產期	3～5月
營養	韭菜含有豐富的芳香成分二烯丙基二硫。與豬肉等食材中富含的維生素B_1一起攝取，可望具有消除疲勞的效果。

這樣做就很耐放！

冷藏	用紙包好，沾濕根部。裝進塑膠袋中，直立放入切開的寶特瓶或牛奶盒中，然後放入冷藏室保存。〔標準〕約2週
冷凍	清洗乾淨之後徹底擦乾水分。切成容易入口的大小之後，裝進保鮮袋中，然後再放入冷凍室。〔標準〕約1個月

其他食用葉子或莖部的蔬菜①
保存豆芽菜原有的清脆口感

只需用牙籤在包裝袋上戳出幾個小孔，就可以延長豆芽菜的保存期。

如果想要保存1週左右的話，請把豆芽菜移入保鮮盒裡，然後浸泡在水中。雖然需要每天換水，但是可以保存較久的時間，同時保持其清脆的口感。

保存豆芽菜時，蔬果室的溫度較高，保存期會縮短。無論採用上述的哪種方法，都要存放在冷藏室或冰溫保鮮室中。

水量約足以浸泡豆芽菜！

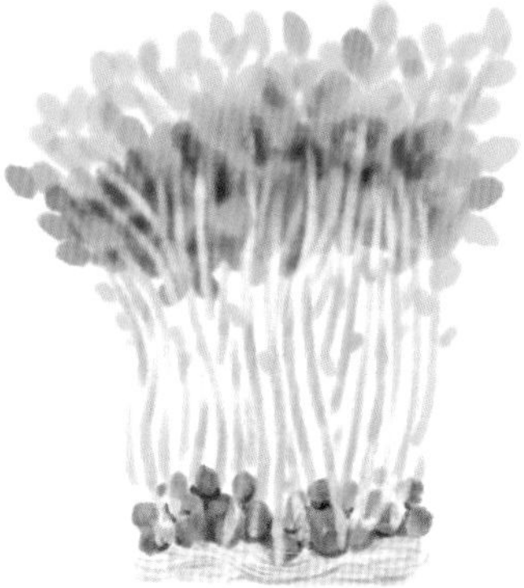
豆苗是家庭開支的超級優等生

其他食用葉子或莖部的蔬菜②
豆苗是省錢的強力盟友

豆苗只需將根部浸泡在水中即可再生，這是眾所皆知的事，而價格固定也與節省開支有關。

豆苗是在工廠培育而成的蔬菜，並不受天候、氣溫的影響，能夠保持一定的收穫量，因此流通量也不會變動，價格通常都差不多。

即便在其他蔬菜價格高漲的時候，豆苗的價格基本上也不會有所變化。在蔬菜價格變貴的時候，最好選擇像豆苗這類的工廠蔬菜。

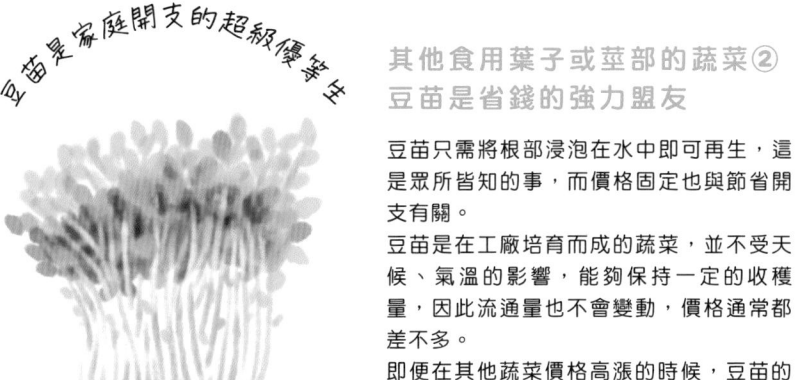

「番茄紅了，醫生的臉就綠了」
如同這句話所說的，營養非常豐富！

番茄

蒂頭變乾的番茄表示
已經採收一段時間了
從底部朝蒂頭的方向
出現放射狀的條紋，
表示含糖量高
選擇光滑飽滿、
手感沉重的番茄

檢視新鮮度的同時，也要注意底部！

請選擇從底部朝蒂頭方向出現放射狀條紋（俗稱星形記號）的番茄。這些條紋稱為維管束，是養分通過的管道。**在養分遍布整個果實、香甜美味的成熟番茄上面，會出現星形記號。**水果番茄通常都會有紋路，不過普通番茄也可能會有紋路，所以要檢查一下。

凹凸不平的番茄，或是有稜角的番茄，內部可能已經形成空洞，因此要選擇光滑飽滿、手感沉重的番茄。

我在檢查番茄的新鮮度時，會檢視它的柔軟度、外皮的彈性和蒂頭的狀態。蒂頭乾燥捲曲的番茄、外皮起皺的番茄，或是變軟的番茄，都已經開始腐壞了。

番茄和油的搭配度極佳

番茄中所含的茄紅素，以具有強大的抗氧化作用而聞名，但若只採用生食的方式享用就太浪費了。茄紅素的吸收率會隨著食用方式而有所不同。茄紅素的特色在於耐熱，而且具有容易融於油中的脂溶性，如果用橄欖油來炒番茄，茄紅素的吸收率會增至大約3.8倍。
與肉、魚、蛋、豆類等各種食材搭配都相當出色。

建議搭配橄欖油！

養成「買來之後就去除蒂頭」的習慣！

將小番茄摘除蒂頭，可以保持美味又耐放

保存小番茄的時候，請先摘除蒂頭。小番茄在帶有蒂頭的狀態下，比較容易吸收氧氣。因此水分易消失，營養成分會減少，而且也易滋生黴菌。如果先摘除蒂頭再保存，就可以延長好吃的時間。此外，在放入便當盒的時候，因為很容易有雜菌繁殖，所以一定要先摘除蒂頭。

盛產期	3～8月、10～11月		
營養	番茄含有大量的茄紅素。茄紅素具有很強的抗氧化能力，可望降低血糖值、預防動脈硬化、具有美肌的效果等。		
這樣做就很耐放！	常溫	存放在陰暗處。如果還是綠色的話，先存放在常溫中，就會逐漸成熟變紅。夏季時用紙包好，裝進塑膠袋中，將蒂頭朝下，放入蔬果室保存。	〔標準〕約2週
	冷凍	摘除蒂頭，裝進保鮮袋中，然後放入冷凍室。	〔標準〕約1個月

小番茄的營養成分因顏色而異

小番茄因顏色不同，所富含的營養素也各有不同。不僅能為料理增添色彩，也可以試著以營養為標準來選擇。

紅色=富含茄紅素。抗氧化作用。
黃色=富含芸香素。改善血液循環。
橙色=富含β-胡蘿蔔素。預防老化。
綠色=富含葉綠素。排毒的效果。
紫色=富含花青素。維持眼睛健康。

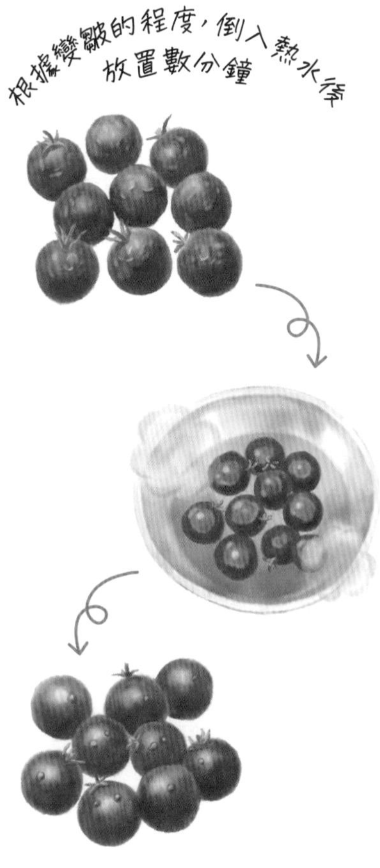

如何讓表皮變皺的小番茄瞬間恢復飽滿

隨著時間一久，小番茄的表皮會變得皺皺的。這種變皺的小番茄，只要按照以下的步驟去做，就能輕鬆恢復成飽滿有彈性。

①將小番茄放入容器中
②倒入約50～60度的熱水，等待10秒左右

只需這樣做就能使小番茄復活，所以請試試這個方法。
但是，小番茄並不會重新恢復到新鮮的狀態，所以請在用熱水浸泡過後就立即食用。

與油的搭配度佳，種類也豐富
夏季蔬菜的代表

食用
果實或種子

茄子

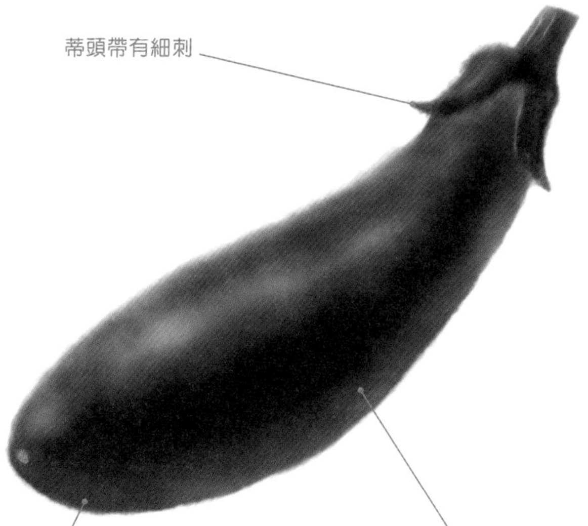
表皮枯萎的茄子
已經放置一段時間了
拿在手中有沉重感

首先要注意細刺！選擇拿起時有沉重感的茄子

要注意茄子蒂頭上的細刺。這些細刺堅挺豎立，碰觸到時若覺得刺痛，代表這個茄子很新鮮。但因市面上也有蒂頭不帶刺的品種，故若賣場中的茄子全都沒有刺，那麼有可能到貨的就是無刺種。

如果遇到沒有刺的茄子，就選擇表皮顏色深濃，拿起來的時候感覺比較沉重的茄子。由於茄子是水分多的蔬菜，因此重量輕便代表茄肉疏鬆不好吃。

除了細刺之外，茄子還有個特點，就是蒂頭較易發黴，靠近蒂頭的茄肉容易腐壞。茄子腐壞時會變成橙色。

用微波爐輕鬆做燉茄子

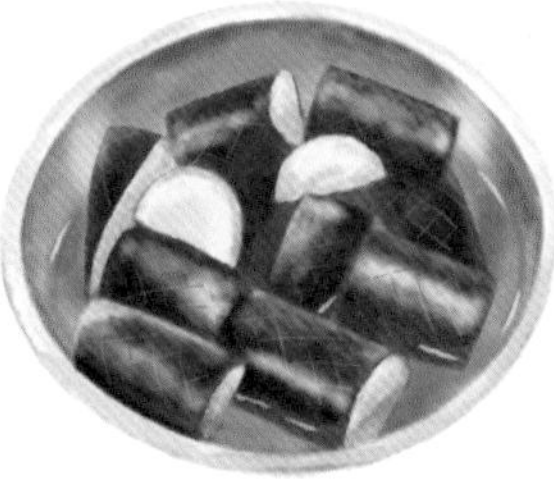

①將1條茄子切成大塊
②在鹽水中浸泡10分鐘去除澀味
③淋上2大匙芝麻油拌勻
④以600W的微波爐加熱3分鐘
⑤淋上調味液
⑥以600W的微波爐加熱3分鐘
⑦放入冷藏室冷卻一晚

【調味液】
·麵味露（3倍濃縮）　2大匙
·味醂　2大匙
·醬油　1大匙
·糖　2小匙
·軟管裝生薑泥　適量
·水　150ml

可以配飯也可以當成下酒菜。
若茄子很大，建議延長微波爐的加熱時間。

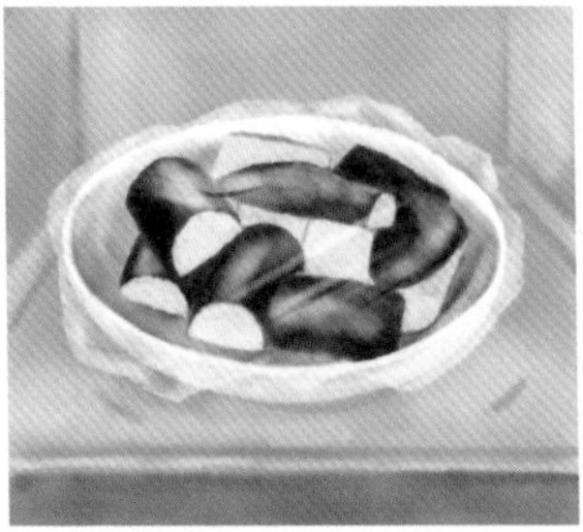

依個人的喜好，
在頂端撒上柴魚片和青蔥！

盛產期	5～9月		
營養	茄子的紫色表皮中含有豐富的花青素。具有預防動脈硬化、預防老化、活化眼睛和肝臟功能的效果。		
這樣做就很耐放！	常溫	不耐低溫，所以除了夏季之外，要存放在陰暗處。夏季時將茄子一條條分別用紙包好，裝進塑膠袋中，然後放入蔬果室。	〔標準〕約3～5日
	冷凍	切成容易入口的大小之後，泡水去除澀味。徹底擦乾水分之後，裝進保鮮袋中，然後放入冷凍室。	〔標準〕約1個月

依照料理的類型選用茄子

茄子以果實的柔軟度因品種而異為特色。
如果不依照烹調的用途來選擇茄子，可能會發生「購買時期待是軟黏的口感，結果吃起來卻很硬」的情況。

大長茄子

適用的料理

烤茄子，炒茄子，田樂茄子等

以長度30cm左右為特色。表皮稍硬一點，不過肉質非常柔軟。

長茄子

適用的料理

煮茄子、醬泡炸茄子等

肉質柔軟。最常在超市裡見到的品種。也適合做成炒茄子或醃茄子。

米茄子

適用的料理

田樂茄子、奶油煎茄子等

肉質堅硬，適用於不想煮得軟爛變形的料理。這是以美國品種改良而成的大型品種。

千兩茄子

適用的料理

烤茄子

連表皮都相當柔嫩，十分容易入口的品種。加熱之後，茄肉會變得軟黏。

圓茄子

適用的料理

田樂茄子、煮茄子等

肉質細緻。京都的賀茂茄子、新潟的巾著茄子等為知名的品種。

水茄子

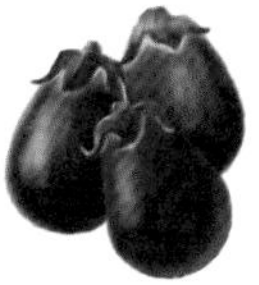

適用的料理

醃茄子、生食等

顧名思義，含有大量的水分，可以生吃。大阪的泉州地區為知名的產地。

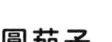

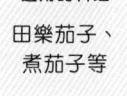

食用
果實或種子

小黃瓜（青瓜）

風味和清脆的口感深受喜愛！有消除水腫的效果

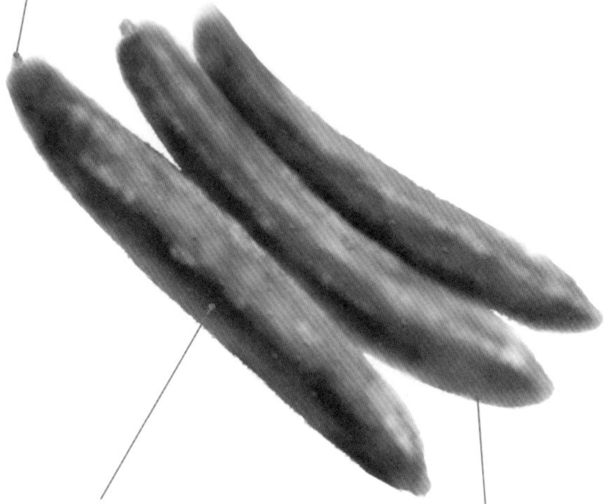
蒂頭的切面不會乾燥
沒有刺瘤的品種，選擇時請以顏色翠綠、瓜身硬實、粗細均勻為標準
小黃瓜越新鮮，刺瘤越尖銳

以刺瘤、顏色和粗細為標準檢查新鮮度

挑選小黃瓜時，請摸摸看表皮上的刺瘤。最好選擇刺瘤的尖銳程度會帶來刺痛感的小黃瓜。小黃瓜越新鮮，刺瘤就越尖銳，而一旦新鮮度下降時，水分會蒸發，刺瘤也會變小。不過，也有品種是不帶刺瘤的。**這時就要選擇表面呈翠綠色、瓜身硬實、粗細均勻的小黃瓜。**

當我在檢查新鮮度的時候，會查看小黃瓜的兩端。兩端有水分殘留的小黃瓜，或是枯萎的小黃瓜，代表新鮮度下降了。已經變得軟趴趴的小黃瓜則不用考慮。

瓜身筆直的小黃瓜，外形比較漂亮，等級也較高，但是即使瓜身有點彎曲，味道也不會改變，所以不論選擇哪一種都沒問題。

輕鬆讓小黃瓜的美味再升級的方法

①切除少許蒂頭側的瓜肉
②將兩邊的切面互相搓磨20秒以上
③因為會流出白色的液體（澀味），所以要用水沖淨

去除澀味之後的小黃瓜別有一番風味。
因為在維管束中流動的甲酸（澀液之類的東西）滲出之後可以去除，所以整根小黃瓜的味道變得很爽口。調味料也會更入味。

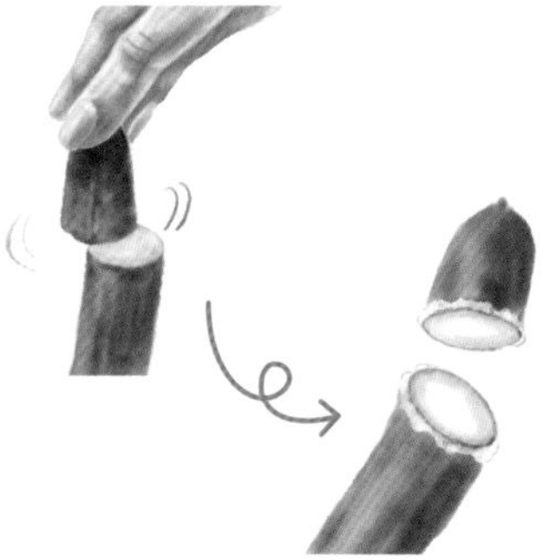
只需去除一處的澀味就OK了！

不論多少都吃得下的美味！無限小黃瓜

①將黃瓜切成長方形
②將下列的調味料按照1:1:1的比例混合
·調合味噌
·韓式辣椒醬
·美乃滋

只用這個調味料就可以吃個不停的美味！建議也可以依照個人的喜好在調味料中加入白芝麻。怕吃辣的人或是孩童，最好以番茄醬代替韓式辣椒醬。

太好吃了，一下子就吃光了！

盛產期	5～9月		
營養	小黃瓜往往會被認為沒有營養，其實含有豐富的鉀。鉀可以抑制鹽分的吸收，促進鹽分從尿液排出。		
這樣做就很耐放！	冷藏	用紙包好，裝進塑膠袋中，直立放入切開的寶特瓶或牛奶盒中，然後放入蔬果室保存。	〔標準〕約3～5日
	冷凍	仔細清洗乾淨之後切成薄片。用鹽揉搓之後瀝乾水分，裝進保鮮袋中，然後放入冷凍室。	〔標準〕約1個月

食用
果實或種子

為餐桌增添色彩
營養絕佳的蔬菜

青椒・甜椒

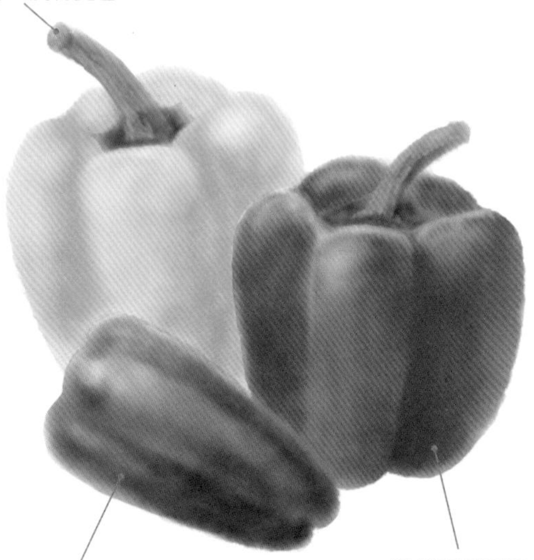
蒂頭的切面沒有變色
選擇有光澤和
顏色鮮豔者
選擇表皮有彈性，重量較重者

了解蒂頭和表皮等是顯示新鮮度的重點

這是農民告訴我的，紅色的青椒比綠色的青椒成熟，含糖量比較高，味道比較甜。不過，紅色的青椒不太會在商店裡販售。如果看到的話，請務必買買看。

新鮮的青椒以蒂頭的切面呈白色且水嫩多汁為特徵。青椒很容易從蒂頭的部分開始腐壞，所以蒂頭的周圍是檢查的重點。蒂頭的部分變得水水的青椒，很有可能已經開始腐壞，所以要避免選購。隨著時間一久，切面會變色而且枯萎。

進口的甜椒多半都是採收後已經放置一段時間的商品，所以購買時要先仔細檢查表面的彈性、光澤。

害怕青椒苦味的人……

將青椒順著纖維切開，就不容易釋出苦味的成分。相反的，如果逆著纖維切開，苦味成分就很容易滲出來。試著善用這個特點去除苦味吧。

①去除青椒的瓤和籽
②與纖維呈垂直切成細絲
③倒入裝有水的缽盆中清洗
④倒掉水
⑤重複③④直到水變得不渾濁
⑥泡水10分鐘

以這個方法去除苦味，即使討厭青椒的孩童也吃得下。

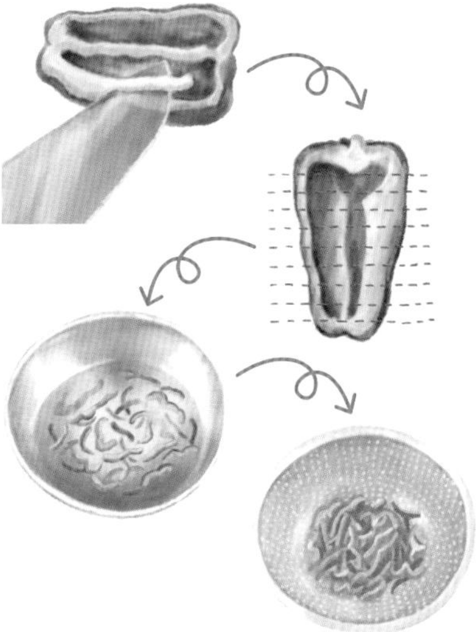

甜椒的營養素因顏色而異

甜椒因顏色不同所富含的營養素也各有不同。
紅色是富含β-胡蘿蔔素，可望具有美肌、美白、抗衰老的效果。
黃色是富含葉黃素，具有提高免疫力的效果。
橙色是含有均衡的紅色和黃色的營養成分。
紫色是富含花青素，具有抗氧化作用，可望維持眼睛的健康。

盛產期	青椒：6～9月　甜椒：7～9月
營養	青椒、甜椒都含有豐富的β-胡蘿蔔素。β-胡蘿蔔素可望維持皮膚和黏膜的健康。此外，維生素C和E的含量也很豐富。

這樣做就很耐放！	冷藏	一個個用紙包好，裝進塑膠袋中，然後放入蔬果室保存。	〔標準〕約2週
	冷凍	仔細清洗乾淨之後徹底擦乾水分。切成方便使用的大小，分成小分量，以保鮮膜包好。裝進保鮮袋中，然後放入冷凍室。	〔標準〕約1個月

食用
果實或種子

玉米（粟米）

營養價值高、深受全世界喜愛的夏季風物詩

玉米鬚多而濃密，而且變成褐色或黑色，就是成熟的玉米
外皮呈翠綠色的玉米

超市挑選的重點

玉米粒稍微凹陷下去的玉米，已經失去水分，而且風味已經變差，因此我們會撤下來，以便宜的價格販售。

由玉米鬚、外皮和玉米粒判定美味程度

如果想選擇好吃的玉米，請注意附著在前端的玉米鬚。因為玉米鬚的根數和玉米粒的數量相同，所以**玉米鬚越多的玉米，就代表玉米粒也越多**。玉米鬚的顏色也請留意。玉米鬚變成褐色或是黑色的玉米，代表已經成熟了，因此相當好吃。

外皮的顏色也要檢查一下。外皮的顏色是翠綠色的玉米，代表很新鮮。

當我在檢查新鮮度的時候，會剝掉一部分的外皮，確認玉米粒的狀態。如果您看到店頭陳列的玉米，已經剝除部分或全部的外皮，請選擇玉米粒緊密相連，毫無間隙地擠滿到前端的玉米。

底部切面變色的玉米，代表已陳列了一段時間，請盡量別選。

世界上最簡單的玉米吃法

玉米不用煮的也可以吃。

①切下玉米的尾端
②不包保鮮膜，連同外皮放入微波爐中
③以600W的微波爐加熱5分鐘
④抓住頂端就能順利地剝下外皮

如果玉米很大，請將加熱時間調整為6～7分鐘。只要這樣做，即使不用煮的，也可以吃到美味的玉米。

切下的尾端部分的
玉米粒也可以吃吃看！

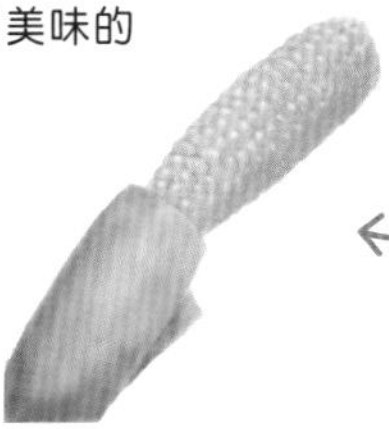

也建議在煮湯的時候
將玉米鬚切碎，加入湯裡！

玉米梗有絕佳的營養

請不要丟棄玉米梗。雖然玉米梗本身不能吃，但是它含有豐富的鮮味成分，放進湯裡的話，便能煮出美味的高湯。此外，煮玉米飯的時候，只需把玉米梗放入電子鍋裡，飯就會變得很好吃。玉米梗含有豐富的鉀，能幫助排出體內多餘的水分並改善水腫，以及預防高血壓。

盛產期	6～9月		
營養	玉米其實是富含蛋白質的蔬菜。但它也含有很多碳水化合物，因此需要留意。儘管碳水化合物含量不像米飯那麼多，不過在蔬菜中算是偏高的了。		
這樣做就很耐放！	冷藏	連同外皮直接用紙包好，裝進塑膠袋中，直立放入切開的寶特瓶或牛奶盒中，然後放入蔬果室保存。	〔標準〕約5日
	冷凍	連同外皮直接將玉米一根根分別用保鮮膜包好。裝進保鮮袋中，然後放入冷凍室。	〔標準〕約1個月

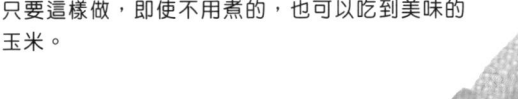

食用
果實或種子

南瓜

製作成配菜或糕點都適合
營養滿分的萬能蔬菜

蒂頭乾燥，變成很像
有裂紋的軟木塞
蒂頭周圍凹陷者、形狀
漂亮且左右對稱者是
品質優良的南瓜

為了避免製作出失敗的料理，要選擇成熟的南瓜

已經切開的南瓜，請檢查南瓜籽的形狀吧。南瓜籽呈扁平狀的南瓜，是在尚未成熟時採收的，往往甜味不足或肉質不夠鬆軟。**南瓜多半都以稱重的方式販售，南瓜籽也計算在內，所以選擇瓜肉較厚的南瓜比較划算。**瓜瓤也是判定新鮮度的標準。原因在於切面的部分不太會腐壞，但瓜瓤的部分很快就會失去新鮮度。

經常有人說：「切面顏色較深，而且呈橙色的南瓜很好吃。」請選擇一直到貼近外皮的邊緣都是橙色的南瓜。邊緣呈綠色的南瓜水分較多也不太甜，所以最好避免選用。

一個完整南瓜的挑選方法，請參考上方插圖周圍的說明。

南瓜先以微波爐加熱之後再切開！

南瓜皮相當堅硬。我也常聽到我的推特跟隨者說：「我試圖用菜刀切開南瓜，結果受傷了。」
南瓜是一種既硬又難切的蔬菜，即使在超市裡，也有切南瓜專用的、類似斷頭台的裝置。
要切開一顆完整的南瓜時，請先用500W的微波爐加熱5分鐘。如果南瓜很大的話，即使加熱過後也許還是很難切。這樣的話，建議延長加熱的時間。
如果是已經切開的南瓜，最好以加熱3分鐘為標準。
和我熟識的人也有好幾個都曾經切到手，所以請大家不要勉強硬切，盡可能用這個方法去切南瓜吧。

南瓜籽是可以食用的

①取出南瓜的瓜瓤和籽，再從瓜瓤中取出籽，用水清洗乾淨
②用紙擦乾水分
③以500W的微波爐加熱3分鐘
④用廚房剪刀剝去白色外皮，取出果仁

南瓜籽的蛋白質含量高，礦物質和維生素相當豐富。還有能擊退壞膽固醇的成分，好處多多。
不過，因為熱量較高，所以需注意不要吃太多。

盛產期	9～12月		
營養	南瓜中所含的β-胡蘿蔔素可維持皮膚和黏膜的健康。富含各種不同的營養素，如鉀可以預防水腫，膳食纖維可以預防便祕。		
這樣做就很耐放！	冷藏	切開的南瓜，先取出籽和瓜瓤，再以保鮮膜包好，然後放入冷藏室保存。※如果是一整顆南瓜，則是於常溫中存放在通風良好的地方。	〔標準〕約1週
	冷凍	取出籽和瓜瓤，切成方便使用的大小。煮過之後搗碎成泥狀。裝進保鮮袋中，然後放入冷凍室。	〔標準〕約1個月

食用
果實或種子

秋葵

黏液成分有益身體健康
能預防夏季倦怠症的夏季蔬菜

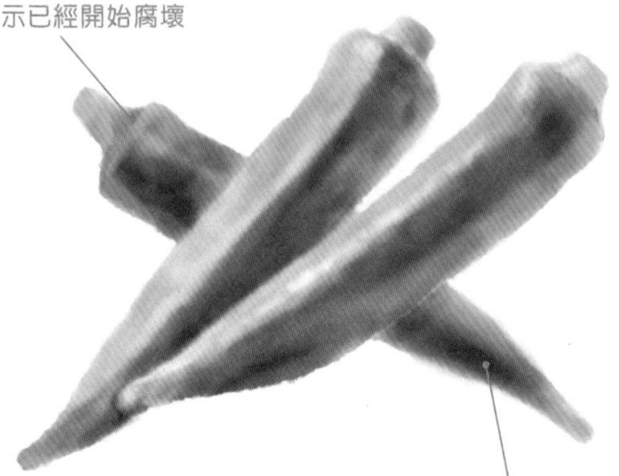
花萼呈褐色或出現黑色紋路的
秋葵，表示已經開始腐壞
選擇長滿絨毛、
顏色翠綠的秋葵

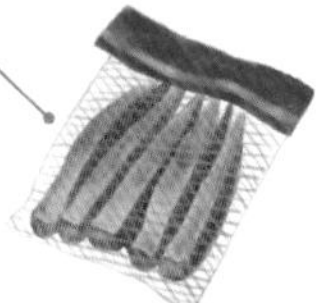
裝進網袋內直接清洗，就可以
輕鬆去除絨毛

盛產期	6～8月	
營養	秋葵的黏液是一種被稱為果膠的成分，具有改善腸道環境的效果。便祕時可以軟化糞便，腹瀉時則會形成薄膜保護腸壁。	
這樣做就很耐放！	冷藏	用紙包好，裝進塑膠袋中，然後放入蔬果室。〔標準〕約5日
	冷凍	切除蒂頭和花萼，以保鮮膜包好。裝進保鮮袋中，然後放入冷凍室。〔標準〕約1個月

太大的秋葵盡量不要買。我之前曾問過農民，長度在6cm左右的秋葵是在收穫的最佳時間點採收的。據說比那個尺寸大的秋葵，會因生長過度而變硬，並出現澀味或苦味，變得不好吃。「即使你說6cm，我也看不太出來……」會這麼想的人，請從錢包中拿出發票看一看。電子發票的寬度大部分都是5.7cm，所以可以拿來當秋葵的比例尺。

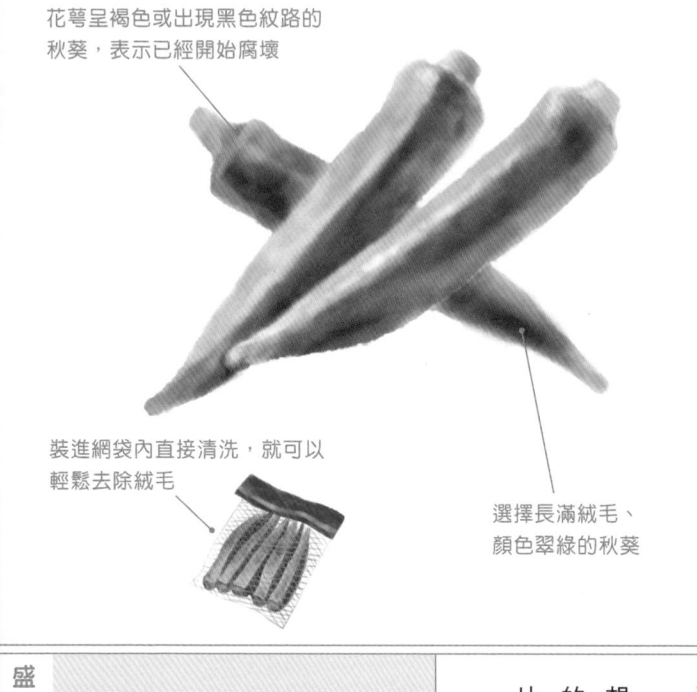

食用 果實或種子

只用鹽水煮過就很美味 一直深受喜愛的夏季風物詩

毛豆

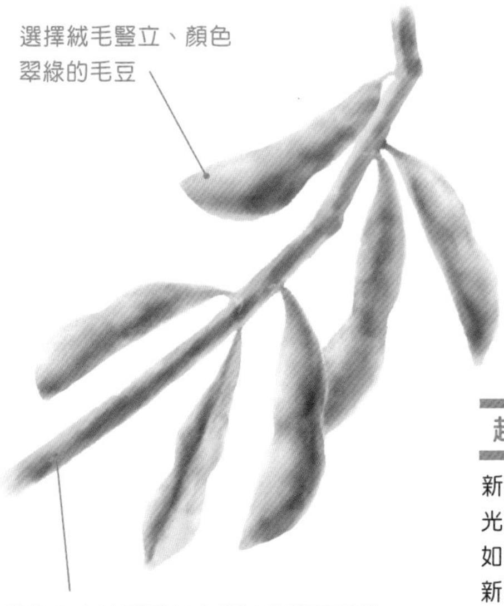

選擇絨毛豎立、顏色翠綠的毛豆

從枝條上摘下豆莢來販售的毛豆相當容易變質。盡可能購買帶有枝條的毛豆

超市挑選的重點

新鮮度很快就會變差，光憑外觀非常難判別。如果某間店裡的毛豆不新鮮，代表店家可能不太會選貨，建議避免再次登門購買。

盛產期		6～8月
營養		毛豆含有大量稱為甲硫胺酸的營養成分。能在肝臟中產生作用，促進酒精的分解，緩解宿醉。喝酒的時候請同時搭配毛豆食用。
這樣做就很耐放！	冷藏	去除枝條之後仔細清洗乾淨。切除豆莢的兩端，撒上鹽，搓揉之後煮3～5分鐘。放涼之後裝進保鮮盒中，然後放入冷藏室保存。〔標準〕約3日
	冷凍	從枝條上取下豆莢之後仔細清洗乾淨。徹底擦乾水分之後裝進保鮮袋中，然後再放入冷凍室。〔標準〕約1個月

選擇美味的毛豆時，請確認外皮的狀態。顏色呈翠綠色，有絨毛豎立的毛豆，新鮮度最好。如果帶有枝條的話，以枝條上長滿豆莢者為佳，請避免選擇莖部和葉子開始枯萎的毛豆。

我在工作中檢查毛豆的新鮮度時，首先會檢視顏色。尤其會檢查豆莢的兩端是否開始變色，已變色的毛豆就轉移至特價區。

苦味令人上癮，無論是熱炒
還是醃漬都很好吃的夏季美味

食用
果實或種子

苦瓜

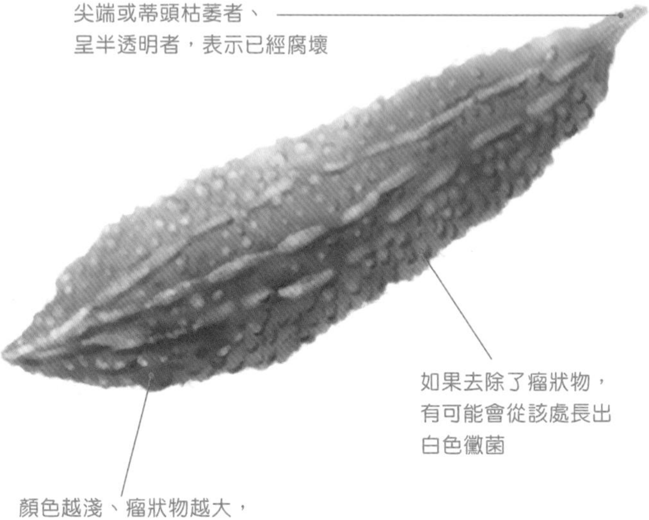
尖端或蒂頭枯萎者、
呈半透明者，表示已經腐壞
如果去除了瘤狀物，
有可能會從該處長出
白色黴菌
顏色越淺、瘤狀物越大，
苦味就越弱

說到苦瓜，我想也有人很怕它那獨特的苦味。苦瓜可以藉由挑選的方式來調整苦味。要注意的是外皮上面的瘤狀物。瘤狀物越大，苦味越弱；瘤狀物越小，苦味越強。

此外，顏色越深，苦味越強；顏色越淺，苦味越弱，所以要同時檢查瘤狀物和顏色。

除此之外，還有外皮要呈翠綠色，而且最好盡可能選擇比較重的苦瓜。

盛產期 6～8月

營養 苦瓜的苦味是一種稱為苦瓜素的成分，能促進胃酸的分泌，消除食欲不振的症狀，並且具有整腸作用。

這樣做就很耐放！

冷藏 縱切成兩半，取出種子和瓜瓤。用紙包住切面，再以保鮮膜包好，然後放入蔬果室。
〔標準〕 約1週

冷凍 縱切成兩半，取出種子和瓜瓤。切成方便使用的大小，在水中浸泡1分鐘。徹底擦乾水分之後裝進保鮮袋中，然後放入冷凍室。
〔標準〕 約1個月

據說是「世界上最有營養」非常受歡迎的水果

酪梨（牛油果）

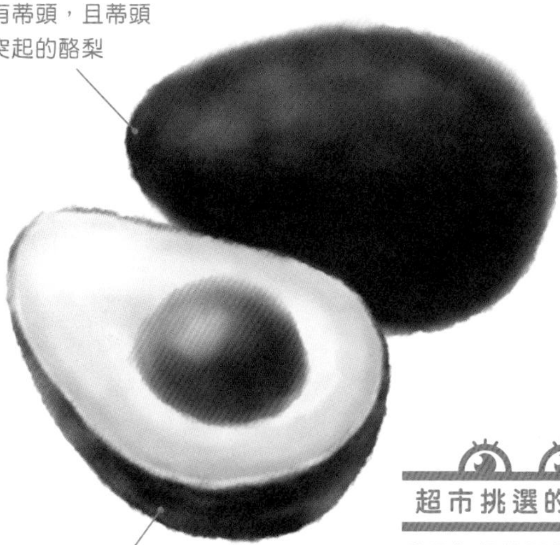
選擇有蒂頭，且蒂頭略微突起的酪梨
成熟時顏色會由綠轉黑

超市挑選的重點

總是能提供優質酪梨的店鋪是高級的商店，這種想法是對的。

盛產期	全年	
營養	酪梨是一種營養價值相當高的水果，含有豐富的油酸。油酸會增加好膽固醇，具有降低壞膽固醇的效果。	
這樣做就很耐放！	冷藏	存放在常溫中直到完全成熟。成熟之後裝進塑膠袋中，然後放入蔬果室。〔標準〕約1週
	冷凍	完全成熟之後，以保鮮膜包好，裝進保鮮袋中，然後放入冷凍室。〔標準〕約1個月

據說酪梨是「世界上最營養」的水果。但即使在蔬果市場中，挑選的難度也是數一數二的，許多人都有過買了堅硬的酪梨之後，好幾天都沒辦法食用的經驗，或是買了腐壞的酪梨，結果丟棄的經驗。如果想要馬上吃的話，外皮全是黑色的，摸起來有點彈性，帶有蒂頭，並且蒂頭略微突起的酪梨是最好的選擇。摘除蒂頭的酪梨，有可能已經腐壞了。

食用
果實或種子

櫛瓜（翠玉瓜）

口感類似茄子，熱炒或生食都好吃的夏季蔬菜

越新鮮的櫛瓜，蒂頭的切面
越白，而且沒有皺摺
選擇粗細均勻、表面沒有傷痕
且帶有光澤、顏色鮮豔的櫛瓜
底部的摺痕越多，
果實越結實

很多人挑選蔬果時喜歡選大一點的，請記住這種選法「並不適用於櫛瓜」。請選擇長度約20cm左右，而且不會太粗的櫛瓜。大於那個尺寸的櫛瓜，因為過度生長，所以果實堅硬，味道也不好吃，而且籽很多。比起檢查大小，更需要檢查重量。重的櫛瓜代表剛採收下來沒多久，水分還沒消失。水嫩多汁，相當美味。

盛產期 6～9月

營養 櫛瓜含有較多的鉀。攝取鉀可以抑制鹽分的吸收，促進鹽分由尿液排出。

這樣做就很耐放！

冷藏 用紙包好，再以保鮮膜包起來。直立放入切開的寶特瓶或牛奶盒中，然後放入蔬果室保存。
〔標準〕約1週

冷凍 仔細清洗乾淨之後徹底擦乾水分。切成容易入口的大小之後，裝進保鮮袋中，然後放入冷凍室。
〔標準〕約1個月

獅子唐青椒

適用於各種料理
是富含β-胡蘿蔔素的知名配角

果實太大者是生長過度，
味道可能會變差
顏色翠綠且富有彈性者，
肉質肥厚很美味

盛產期	6～9月
營養	獅子唐青椒中含有豐富的β-胡蘿蔔素。β-胡蘿蔔素能維持皮膚和黏膜的健康。此外，還含有豐富的維生素C和B_6。

這樣做就很耐放！

冷藏 一根根分別用紙包好，裝進塑膠袋中，然後再放入蔬果室保存。
〔標準〕約2週

冷凍 仔細清洗乾淨之後徹底擦乾水分。先切成方便使用的大小之後，分成小分量，用保鮮膜包好。裝進保鮮袋中，然後放入冷凍室。
〔標準〕約1個月

獅子唐青椒可以用來製作天婦羅、燉菜、熱炒等各種不同的料理，不過偶爾會有味道很辣的意外發生（以我個人來說，我也喜歡辣的！）據說發生意外的機率大約10％左右。沒有方法可以確實避免會辣的獅子唐青椒，但據說前端非常細、過度細長等形狀扭曲者，或是顏色變黑者，會辣的可能性相當高，所以怕吃辣的人請盡可能避免選購。

食用
根部

可做成醃漬小菜、火鍋和沙拉等
在餐桌上非常活躍的萬能選手！

胡蘿蔔

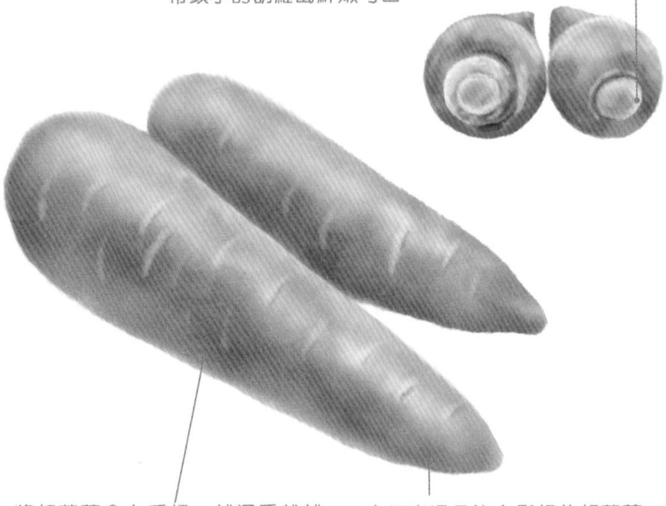
蒂頭小的胡蘿蔔鮮嫩可口
將胡蘿蔔拿在手裡，越沉重就越鮮嫩，肉質也越細緻
表面光滑且沒有鬚根的胡蘿蔔是生長良好的證明

因為直接口感有關，所以要注意蒂頭

胡蘿蔔的蒂頭越小，味道越好，營養價值也越高。請記住，蒂頭大的胡蘿蔔，因為葉子攝取了可食用部分的營養，所以肉質容易變硬。建議選擇表面光滑、鬚根少、沒有損傷的胡蘿蔔。表面光滑的胡蘿蔔代表生長良好。長出鬚根的胡蘿蔔，超過最好吃的時期，已經長得過熟了。另外，形狀細長，呈倒三角形的胡蘿蔔，比粗胖的胡蘿蔔更好吃。

還要試著觀察顏色。**橙色越深的胡蘿蔔，含有越多的β-胡蘿蔔素，所以營養豐富。**超市裡陳列的胡蘿蔔，多數都是切掉葉子的狀態。隨著時間一久，葉子的切面和表皮都會逐漸發黑，因此要選擇切面和表皮沒有變黑的胡蘿蔔。

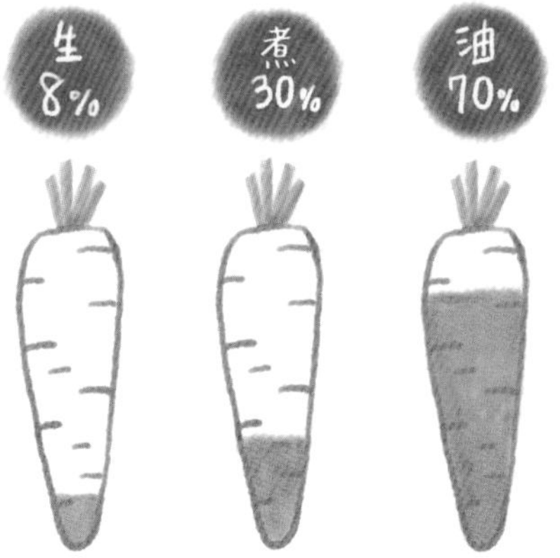

胡蘿蔔和油是絕配！

胡蘿蔔中富含的β-胡蘿蔔素非常耐熱，而且具有脂溶性，容易融入油中。可以熱炒或油炸，或是淋上橄欖油醬汁，藉此提升β-胡蘿蔔素的吸收率。

據說β-胡蘿蔔素的吸收率，生食＝8%，水煮＝30%，與油一起攝取＝70%。

請記住，「胡蘿蔔與油的搭配度極佳」！

使表皮變皺的胡蘿蔔復活的方法

已經變皺變軟的胡蘿蔔，依舊可以恢復至原來的狀態，做法是將胡蘿蔔放入裝滿水的器皿或保鮮盒中即可。重點在於，放置胡蘿蔔時要盡可能使蒂頭完全浸泡在水中。只需在冷藏室中存放1～2日，胡蘿蔔吸收水分之後就會恢復成原來堅硬的狀態。不過，新鮮度並不會恢復成原先的狀態，所以請盡快食用。

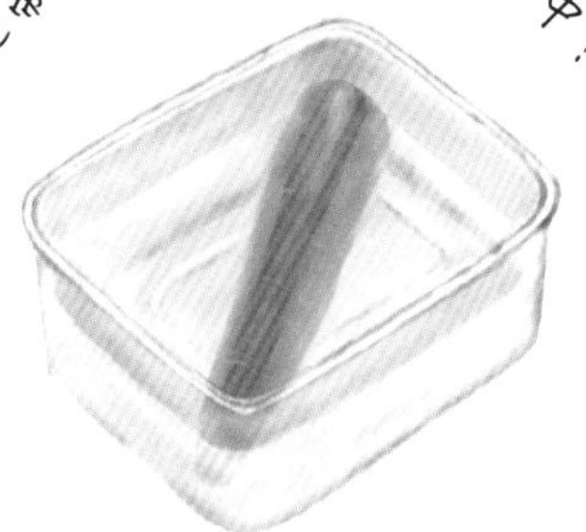

盛產期	10～1月		
營養	胡蘿蔔富含β-胡蘿蔔素。β-胡蘿蔔素在體內轉化為維生素A之後就會被人體吸收，能維持皮膚和黏膜的健康。		
這樣做就很耐放！	**冷藏**	用紙包好，裝進塑膠袋中，直立放入切開的寶特瓶或牛奶盒中，然後放入冷藏室保存。	〔標準〕約1週
	冷凍	切成細絲、銀杏葉形狀等以便使用，然後裝進保鮮袋中，放入冷凍室。	〔標準〕約1個月

食用根部

蘿蔔

被稱為「天然的消化藥」含有豐富的消化酵素

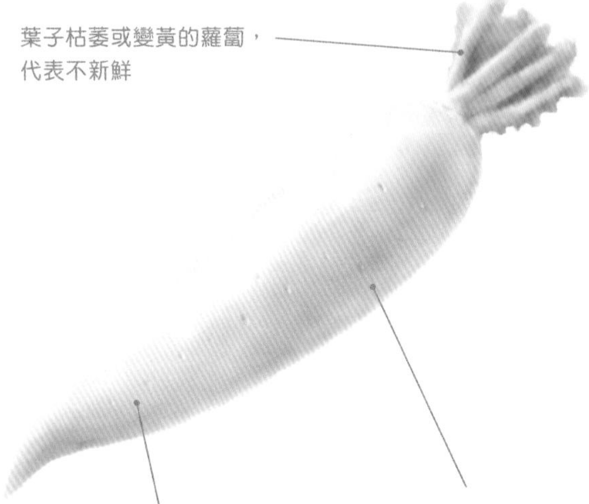
切開的蘿蔔，如果有發黑或泛藍的現象，稱為青斑症，味道會變差
如果是已經切開的蘿蔔，請檢查切面是否沒有變成褐色

美味的蘿蔔要又粗又重又筆直

蘿蔔的日文叫做大根，正因為很大的根部這個名稱，所以要選擇粗胖且手感沉重的蘿蔔。又粗又重，筆直生長的蘿蔔代表含有大量的水分，水嫩多汁，營養成分均勻地分布在整條蘿蔔中。**請記住，美味的蘿蔔要又粗又重又筆直。**一旦記住這些重點，就能吃到水嫩多汁又很新鮮的蘿蔔。

這是顧客經常問我的問題，如果購買對半切開的蘿蔔，有葉子的那一側，甜味較強烈，適合做成沙拉、醃漬小菜、燉菜，而尖端的辣味較強烈，所以適合做成蘿蔔泥。請注意不要弄錯了。此外，中心的部分質地柔嫩，形狀也好看，所以最好用來製作關東煮和燉菜等。

只需這樣做，高湯就能滲入蘿蔔中～

讓關東煮的蘿蔔瞬間入味的方法

①蘿蔔切成圓片，劃入十字形切痕，修除邊角
②以微波爐加熱
③趁熱直接倒入冷的高湯中
④開火加熱，煮到其他食材變熱為止

即使是需要長時間燉煮的蘿蔔，如果採用這個方法也會很快就入味。
微波爐以1/2根蘿蔔用600W加熱10分鐘為標準。

乾蘿蔔絲將營養濃縮了

乾蘿蔔絲是將蘿蔔曬乾，乾燥而成的製品，所以營養成分被濃縮起來。
與新鮮蘿蔔相較之下，每100g乾蘿蔔絲的營養素，鈣是20倍，鉀是15倍，膳食纖維是15倍。
將乾蘿蔔絲泡水還原時，營養也會滲入浸泡乾蘿蔔絲的水中，因此不要把水倒掉，不妨拿來當做料理的高湯，或是加入味噌湯裡面。
乾蘿蔔絲的保存期很長，可用來製作沙拉、燉菜、韓式涼拌小菜、雜炊飯等各式各樣的料理。

為全家人
儲備一袋乾蘿蔔絲！

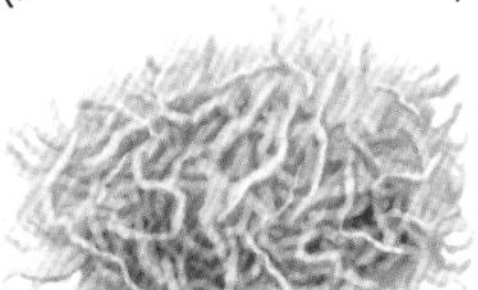

盛產期	12～2月		
營養	蘿蔔含有可以幫助消化的酵素。藉由酵素的作用，可望帶來防止胃灼熱、消化不良、宿醉等的效果。		
這樣做就很耐放！	冷藏	切除葉子，用沾濕的紙包好。裝進塑膠袋中，然後放入冷藏室。※葉子不要丟棄，用紙包好，裝進塑膠袋中，然後放入冷藏室保存。	〔標準〕約1週
	冷凍	清洗乾淨之後擦乾水分，切成適合料理用途的大小。裝進保鮮袋中，浸泡在調味液裡，然後放入冷凍室。	〔標準〕約1個月

食用
根部

蕪菁（大頭菜）

天氣變冷時甜味會增加
營養豐富的春天七草

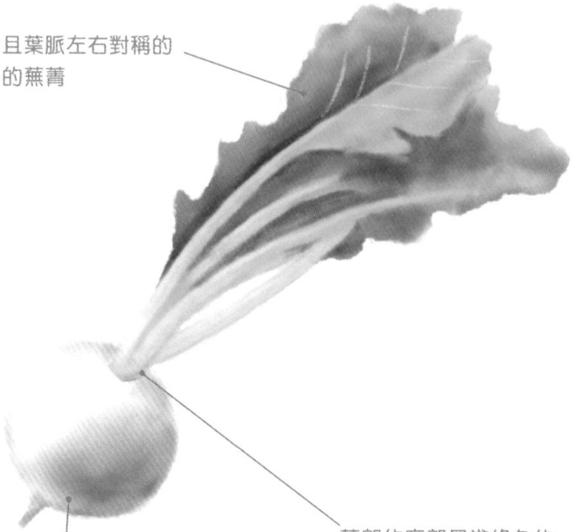
葉子翠綠且葉脈左右對稱的
是品質好的蕪菁
莖部的底部呈淺綠色的
蕪菁表示新鮮度佳
避開有裂痕的蕪菁

美味的蕪菁，重量是關鍵。手感沉重的蕪菁，充滿了水分，鮮嫩多汁又美味。

蕪菁的葉子變色很快，一下子就會變成黃色，所以建議選擇葉子翠綠的蕪菁。如果塊根的顏色是白色的蕪菁，選擇純白色的，新鮮度較佳，而若是紅色的蕪菁，則要選擇鮮紅色的，新鮮度較佳。假使蕪菁變色或出現斑點，表示水分已經消失，維生素等營養成分可能也消失了。

盛產期	11～1月	
營養	蕪菁含有可幫助消化的酵素，這些酵素可望具有預防胃灼熱、消化不良、宿醉等的效果。葉子富含β-胡蘿蔔素。	
這樣做就很耐放！	冷藏	切除葉子，用沾濕的紙包好，裝進塑膠袋中。然後放入冷藏室保存。※葉子不要丟棄，用紙包好，裝進塑膠袋中，然後放入冷藏室保存。〔標準〕約1週
	冷凍	清洗乾淨之後擦乾水分，切成符合料理用途的大小。裝進保鮮袋中，浸泡在調味液裡，然後放入冷凍室。〔標準〕約1個月

胡蘿蔔皮，捨棄就太可惜了！

商店販售的胡蘿蔔，是沒有「表皮」的。胡蘿蔔的表皮非常薄，大部分在出貨之前的洗淨過程中就全都沖走了。我們平常稱呼為表皮的部分，其實是叫做「內鞘細胞」的可食用部分。

換句話說，商店販售的胡蘿蔔，整個是肉質的部分。如果不在意硬度的話，請吃吃看全部完整的胡蘿蔔。

此外，胡蘿蔔所含的β-胡蘿蔔素，在表皮底下含量很多，而且表皮底下還含有大量的多酚。從營養學的角度來看，不把皮削掉，用來製作料理也是最理想的。

這個還能吃！蔬菜經常被捨棄的部位

除了胡蘿蔔的表皮，還有一些蔬菜的部位，明明是可以吃的，卻往往被捨棄了。

蘿蔔皮、韭菜的莖、茄子皮、蓮藕皮、長蔥的綠葉、青花菜的菜心、高麗菜的外葉和菜心、青椒的籽和瓤、南瓜的籽和瓜瓤等，也都是可以吃的。

此外，如果想要完整攝取馬鈴薯的營養，「連皮一起」是不變的原則。一旦削皮之後再煮，維生素C就會減少5成。馬鈴薯皮中鈣和鐵的含量比馬鈴薯肉來得多，所以捨棄馬鈴薯皮實在十分浪費。有許多家庭會連皮和蒂頭等可食用的部分都丟棄，據說每年產生的食品廢棄量高達32．8萬噸。

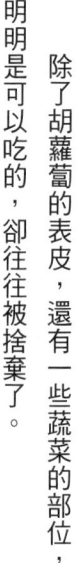

食用
根部

馬鈴薯

具有美肌、預防感冒的效果
日本種植最多的蔬菜

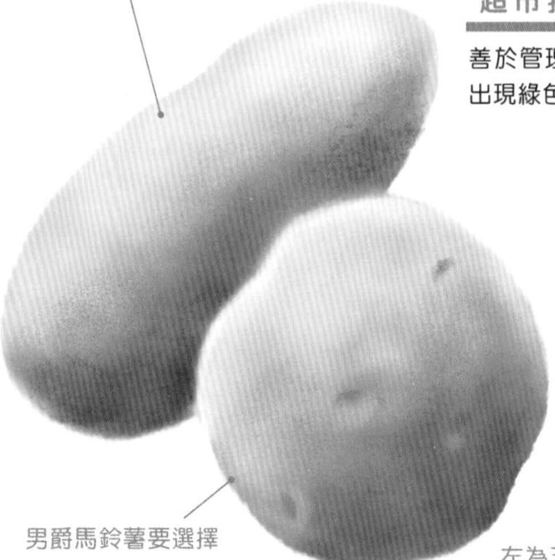

左為五月皇后馬鈴薯
右為男爵馬鈴薯

超市挑選的重點

善於管理的商店，很少出現綠色的馬鈴薯。

又重又圓又硬的馬鈴薯
鮮嫩多汁又美味

如果要選擇美味的馬鈴薯，**建議選擇圓胖飽滿、表面光滑的馬鈴薯**。因為那代表其生長順利，味道也十分好。反過來說，凹凸不平的馬鈴薯代表狀況不佳，所以請盡可能不要挑選。

我在檢查新鮮度的時候，會檢視表皮是否有發皺，是否變軟，表皮的顏色是否變綠，是否發芽。馬鈴薯的嫩芽和發綠的部分含有一種叫做茄鹼的毒素。這樣的商品就算是特價品也最好不要選購。

馬鈴薯會變成綠色是因為照到光線的緣故。就算只在商店裡陳列一天，馬鈴薯也很快便會轉綠。

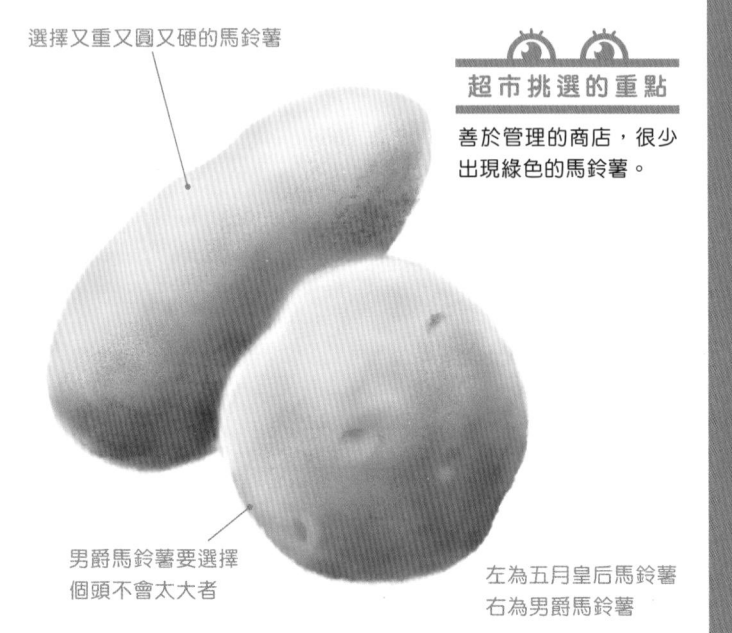

使馬鈴薯的含糖量倍增的方法

將馬鈴薯存放在冰溫保鮮室中，含糖量就會倍增。

①用紙包好
②裝進保鮮袋中
③放入冰溫保鮮室保存

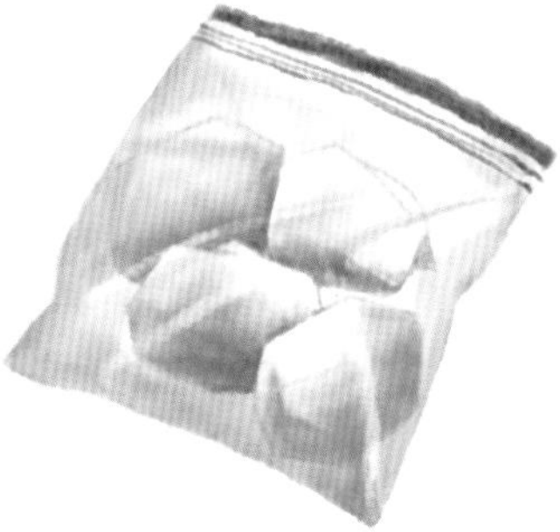

只需這樣做，馬鈴薯的含糖量就會倍增！
這是稱為「低溫糖化」的現象，因為在接近0度的環境中，馬鈴薯為了避免自身結凍，會將澱粉轉化成糖，因而變甜。馬鈴薯不耐寒，所以基本上都是在常溫下保存，不過先了解這個現象並沒有壞處。
一旦採用這個方法，由於澱粉變得有黏性，變成黏稠的口感，因此用來製作燉煮料理的話非常好吃。

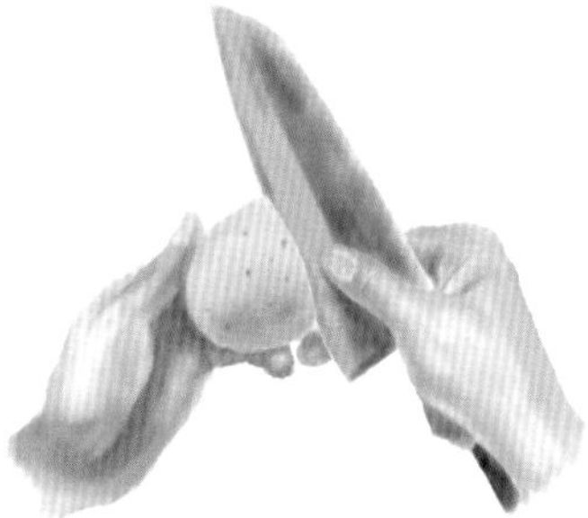

順利剝下馬鈴薯皮的的私藏方法

①將馬鈴薯清洗乾淨
②挖除馬鈴薯的芽眼
③在表皮切入1道切痕
④將水和馬鈴薯放入鍋中
⑤煮到筷子可以插入馬鈴薯為止
⑥放涼

只需這樣做，便可以輕鬆地用手順利剝除表皮。直接可以用來製作馬鈴薯泥或馬鈴薯沙拉。

盛產期	**馬鈴薯：10～11月　新馬鈴薯：4～5月**		
營養	馬鈴薯富含維生素C。馬鈴薯中所含的維生素C具有耐熱性，即使加熱之後也可望維持皮膚和黏膜的健康、預防斑點等。		
這樣做就很耐放！	**常溫**	用紙包好，盡量存放在光線照不到的陰暗場所。	〔標準〕約1個月
	冷凍	搗碎成馬鈴薯泥之後，放涼。分成方便使用的分量，以保鮮膜包好，裝進保鮮袋中，然後放入冷凍室。	〔標準〕約1個月

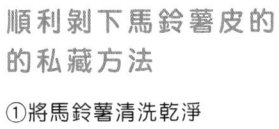

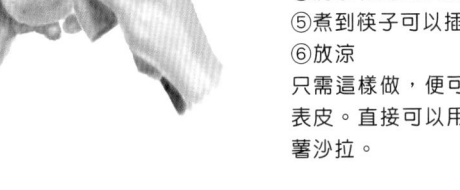

馬鈴薯品種選擇表

雖然男爵和五月皇后很有名，不過馬鈴薯有很多的品種。請試著根據適合的料理選擇。

不易煮到潰散（黏質）

五月皇后

適用的料理

馬鈴薯燉肉、咖哩、熱炒等

細長的蛋形。煮到潰散的情形很少見，質地結實，適合燉菜。

印加的覺醒

適用的料理

西式燉菜、咖哩、馬鈴薯燉肉等

因其獨特的甜味和風味而廣受歡迎。善用其甜味，即使只是蒸熟就很好吃。

黃爵

適用的料理

燉菜、湯品等

口感滑順，不易煮到潰散。也以沒有特殊怪味為特色。

十勝黃金

適用的料理

炸薯條等

不易煮到潰散，蒸熟之後鬆軟的口感為其特色。很適用於油炸食品。

濕潤

北海黃金

適用的料理

炸薯條等

鬆軟的狀態大約介於男爵和五月皇后之間。去皮之後變色的情形很少見，適合油炸食品。

容易煮到潰散（粉質）

北明

適用的料理

可樂餅、馬鈴薯沙拉、粉吹芋等

容易煮到潰散，因此建議連皮直接做成粉吹芋或馬鈴薯沙拉。維生素C的含量比其他品種更多。

男爵

適用的料理

可樂餅、馬鈴薯沙拉、馬鈴薯奶油等

具代表性的品種。因為是粉質，所以口感鬆軟。也適用於粉吹芋、馬鈴薯泥等各式料理。

乾鬆

食用
根部

地瓜（番薯）

營養豐富，鬆軟的口感深受喜愛
秋季美食的代表選手

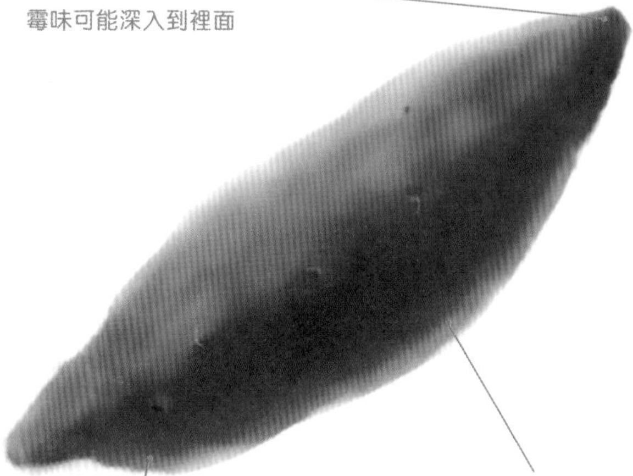
切面長出青黴菌的地瓜，
選擇表皮緊繃，沒有
損傷或皺摺的地瓜
配合料理類型或個人喜好更換
品種使用，就不太容易失敗

因為甜度和口感都不同，所以要配合料理類型更換品種

如果要吃到美味的地瓜，**請選擇表皮顏色鮮豔、帶有光澤、沒有損傷的地瓜。**據說形狀圓胖的地瓜很好吃。外表凹凸不平的地瓜，或長了很多鬚根的地瓜，可能纖維很多，較為結實，所以盡可能不要選購。

此外，地瓜出乎意料地容易腐壞，有時尖端會開始變軟，建議大家先看清楚才購買。

為了製作烤地瓜等而想要選擇甜地瓜的人，就如同馬鈴薯一樣，請根據個人喜好或料理的用途更換品種。

請注意，有些品種含糖量很高，用來製作料理時可能會太甜。

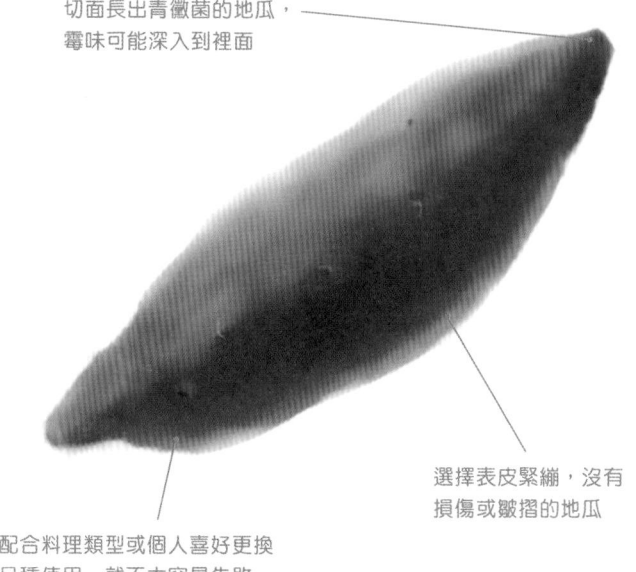

慢慢地加熱 在家製作美味的烤地瓜

想要製作出美味烤地瓜的重點是「以低溫慢慢加熱地瓜」。在50～75度的溫度範圍內，地瓜的澱粉會轉化為麥芽糖，因而不斷地增加甜度。如果想在家裡製作長時間低溫加熱的烤地瓜，只要用燒烤微波爐或小烤箱，以150～170度加熱80～120分鐘，便能引出濃郁的甜味。石烤地瓜也同樣是以低溫長時間的方式讓地瓜變熱，成為香甜可口的烤地瓜。

順便一提，建議不要以微波爐加熱。因為熱力傳導太快，澱粉幾乎不會轉化為麥芽糖，所以不易變甜。

盛產期	10～1月		
營養	地瓜中富含豐富的膳食纖維。由於有膳食纖維，因此當然能預防便祕，同時也具有降低血液中膽固醇數值的效果。		
這樣做就很耐放！	常溫	用紙包好，存放在通風良好的陰暗處。	〔標準〕約2週
	冷凍	清洗乾淨之後切成圓形切片。用水浸泡10分鐘去除澀味。以600W的微波爐加熱7分鐘之後，擦乾水分。裝進保鮮袋中，然後放入冷凍室。	〔標準〕約1個月

根據想要的甜度選擇適合的品種

地瓜的含糖量因品種而異。含糖量低的地瓜，適合做味噌湯的配料和天婦羅等。如果想要甜度適中的話，請使用含糖量較低的地瓜。我不擅長將含糖量太高的地瓜製作成菜餚，所以會根據料理的類型分別使用。另一方面，含糖量高的地瓜非常適用於甜薯點心和烤地瓜！

據說地瓜變甜的時期是從10月中旬開始。在那之前市面上的地瓜通常不怎麼甜。原因在於採收之後才經過沒多久的時間。地瓜在採收之後存放一段時間，可使澱粉轉化為糖，變得又黏又甜。

代表品種的甜度圖

清淡 ⟷ 甜

含糖量為加熱後的數值。由於還存在個體差異，所以這些數值終究僅供參考。

紅遙（含糖量50～60度）
無論如何，特點就是強烈的甜味和黏稠感。想要吃到甜地瓜的人，請選擇紅遙地瓜。

安納芋（含糖量40～50度）
種子島的特產品種。特點是強烈的甜味和黏稠感。含有豐富的β-胡蘿蔔素，還可以隱約感受到類似胡蘿蔔的風味。

紅東（含糖量30度～）
關東地區的代表品種。因為是粉質，所以一加熱就會變得鬆軟，甜味也相當濃郁。推薦給想要享用鬆軟烤地瓜的人。

鳴門金時（含糖量13度～）
主要種植於日本西部的代表品種。甜度較低。我會用它作為味噌湯的配料或製作成天婦羅。

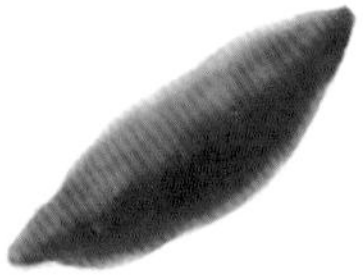

食用根部

生食時黏黏滑滑，水煮後鬆鬆軟軟 對腸胃很溫和，春秋兩季的美味

山藥

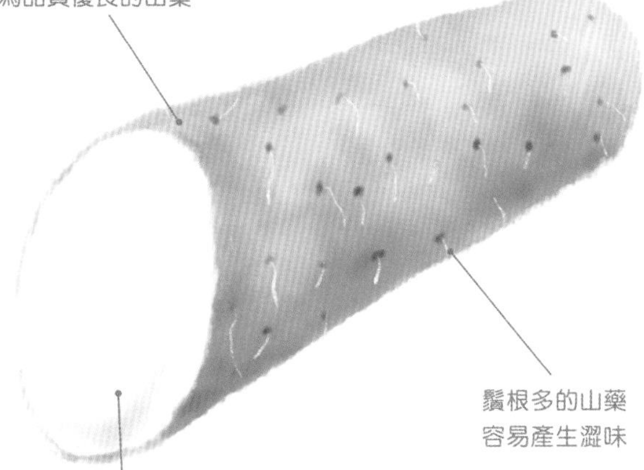
粗細均勻又筆直者
為品質優良的山藥
時間久了切面會變成紅色

想要選到好吃又新鮮的山藥，就要選擇有沉重感的山藥。山藥是含水量高的蔬菜。越重的山藥，越是充滿水分，多汁又美味。

秋季採收的山藥，水分很多，汁多味美。澀味少，味道清淡，建議可切成長方形或做成淺漬山藥享用。春季採收的山藥是在寒冷的冬季期間成熟的，味道濃郁，帶有甜味。磨碎之後做成山藥泥，非常美味。

盛產期	11～12月、3～4月
營養	山藥的黏液成分可望具有保護胃腸黏膜的效果。對於因暴飲暴食、壓力等造成的胃不舒服，具有修復胃部黏膜，或是幫助消化的效果。
這樣做就很耐放！ 冷藏	用保鮮膜緊緊包好，裝進塑膠袋中，然後放入蔬果室保存。〔標準〕約2週
這樣做就很耐放！ 冷凍	磨碎成泥之後，裝進保鮮袋中，然後放入冷凍室。〔標準〕約1個月

食用
根部

富含膳食纖維！
提升腸道功能的根莖類蔬菜

牛蒡

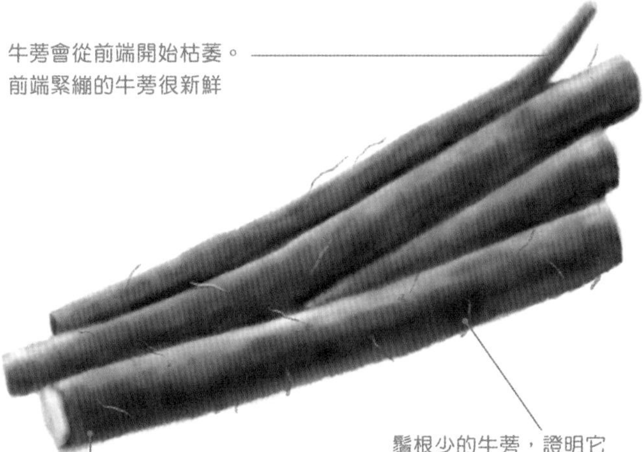
牛蒡會從前端開始枯萎。
前端緊繃的牛蒡很新鮮
鬚根少的牛蒡，證明它
在良好的狀態下生長
如果握住牛蒡的底部時，
覺得軟綿綿的，
代表水分消失且風味也降低

市面上販售的牛蒡，有帶泥的牛蒡和去泥的牛蒡。牛蒡很容易乾燥，因此如果想吃新鮮度佳的牛蒡，建議選擇帶泥的牛蒡。牛蒡獨特的風味和香氣，也是帶泥的牛蒡比較濃郁。牛蒡的尺寸從粗的到細的都有販售，不過以直徑約1元硬幣大小的牛蒡最好。請選擇不會太粗，並且粗細均勻的牛蒡。選擇表面堅實緊繃，不會軟軟的牛蒡。

盛產期	10～12月
營養	牛蒡在所有蔬菜當中，膳食纖維的含量最高。具有活化腸道功能的效果。此外，外皮還含有豐富的多酚。
這樣做就很耐放！ 冷藏	切成可以直立存放在蔬果室中的長度。用保鮮膜包好，直立放入切開的寶特瓶或牛奶盒中，然後放入蔬果室保存。〔標準〕約2週
這樣做就很耐放！ 冷凍	仔細清洗乾淨之後，切成容易入口的大小，在水中浸泡2分鐘，去除澀味。擦乾水分之後，用油炒過。放涼之後，裝進保鮮袋中，然後放入冷凍室。〔標準〕約1個月

食用 根部

具有抗老化的效果
口感清脆的根莖類蔬菜

蓮藕

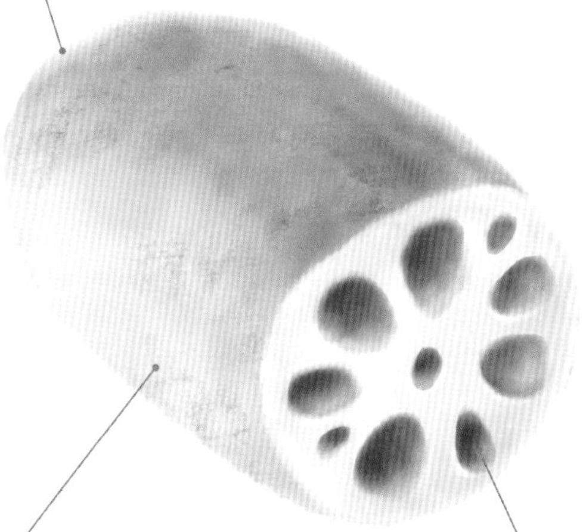
選擇孔洞較小，而且肉厚又具有重量感的蓮藕
帶泥的蓮藕不易接觸到酵素，完成的料理也較美味
選擇孔洞內還沒有變黑的蓮藕

蓮藕有洗淨的蓮藕和帶泥的蓮藕之分，如果兩者都有販售的話，請選擇帶泥的蓮藕。蓮藕是一種不耐乾燥的蔬菜，所以用泥土包覆在上面可以保持溼潤，並且延長保存的時間。想選到好吃的蓮藕時，要選擇圓胖、肉厚且具有重量感的蓮藕。如果要觀察新鮮度，就注意切面。白色的切面表示剛切開不久，但隨著時間一久，就會變成粉紅色或紫色。

盛產期	11～3月
營養	蓮藕含有豐富的維生素C。維生素C是製造膠原蛋白時所需的營養素，而膠原蛋白可以構成頭髮、指甲和皮膚，此外還具有美肌的效果。
這樣做就很耐放！ 冷藏	用紙包好，裝進塑膠袋中，然後放入蔬果室。〔標準〕約5日
這樣做就很耐放！ 冷凍	削除表皮，切成容易入口的大小，然後浸泡在醋水中。徹底擦乾水分之後，用保鮮膜包好，裝進保鮮袋中，然後放入冷凍室。〔標準〕約1個月

食用
辛香料蔬菜

清爽的味道令人吃了就上癮
夏季具代表性的辛香料

茗荷

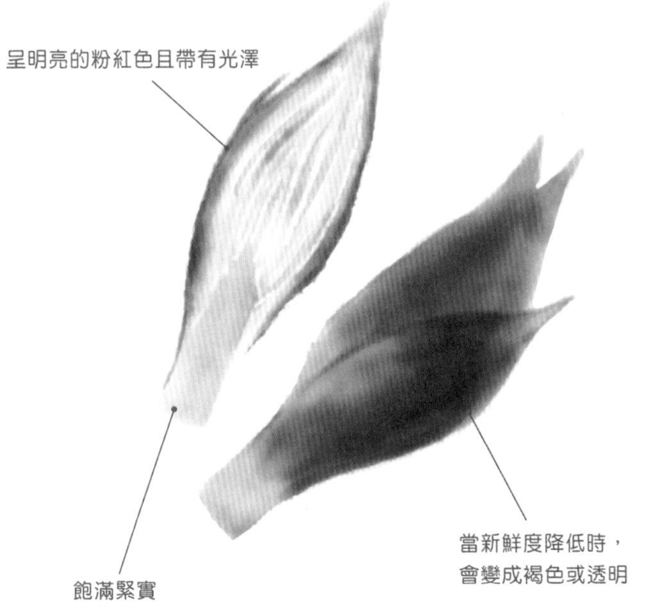
呈明亮的粉紅色且帶有光澤
飽滿緊實
當新鮮度降低時，
會變成褐色或透明

盛產期	7～10月	
營養	茗荷的獨特香味具有增進食欲和促進血液循環的效果，此外還能幫助消化，因此可說是很適合夏季的辛香料。	
這樣做就很耐放！	冷藏	用沾濕的紙包好，裝進塑膠袋中，然後放入冷藏室保存。〔標準〕約1週
	冷凍	清洗乾淨後徹底擦乾水分。切成方便使用的大小之後，分成小分量，裝進保鮮袋中，然後放入冷凍室。〔標準〕約2週

選擇茗荷的時候，要選擇風味強烈的。若是長得細瘦、前端開口展開，或是已開花的茗荷，味道大概就沒那麼好。請選擇緊實肥厚、開口閉合的茗荷。肉質緊實、摸起來又硬又重的茗荷，才是品質優良的商品。變色的茗荷，高機率在採收之後放置了相當長的時間，所以請留意避免選擇這樣的商品。

食用
辛香料蔬菜

暖心又暖身
日常健康不可或缺的食材

生薑

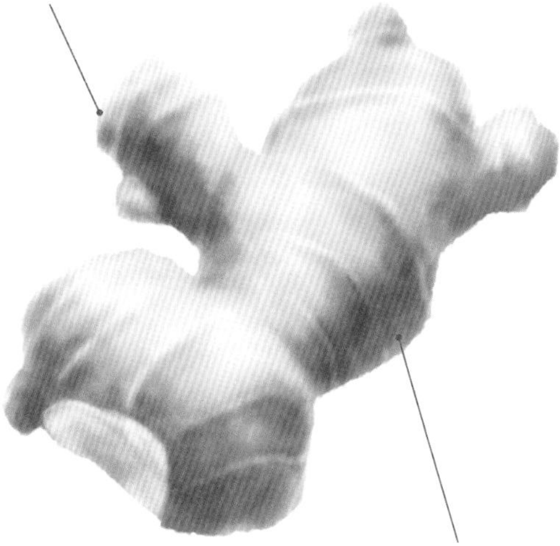
外皮沒有損傷，飽滿堅實
表面不發白，
緊繃有光澤

生薑有嫩薑和根薑之分。嫩薑是在採收之後，不貯藏就直接運往市場販售，以纖維柔軟又鮮嫩多汁為特徵。適合製作成嫩薑甘醋漬等醃漬小菜。根薑一般是以「生薑」的形式在市面上流通，在秋季採收之後貯藏起來的根薑，一整年都可以上市。因為有的根薑是貯藏品，可能進貨到店裡的時候就已經發黴了，所以挑選的時候要先小心地檢查切面。

盛產期
根薑：9～11月
嫩薑：6～8月

營養
生薑中所含的辛辣成分薑辣素，具有促進血液循環的作用，可改善手腳冰冷。飲用薑湯之後身體變得暖和，就是薑辣素發揮作用的緣故。

這樣做就很耐放！

冷藏
仔細清洗乾淨之後，在保鮮盒中裝水，放入生薑，然後放入蔬果室保存。※必須每天換水。
〔標準〕約1個月

冷凍
清洗乾淨後徹底擦乾水分，切成方便使用的大小。分成小分量，以保鮮膜包好。裝進保鮮袋中，然後放入冷凍室。
〔標準〕約2個月

大蒜

食用 辛香料蔬菜

活力料理的強大盟友！
獨特的香氣大受歡迎

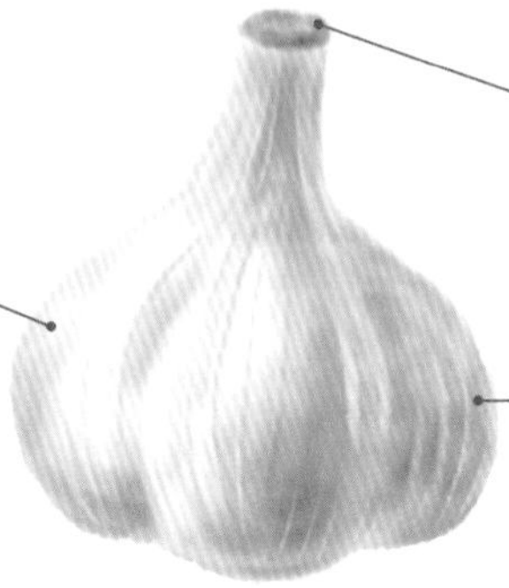

盛產期	6～8月
營養	含有稱為大蒜素的成分，具有提高碳水化合物能量代謝的效果。

這樣做就很耐放！

冷藏	整顆大蒜用紙包好，裝進保鮮袋中，然後放入冰溫保鮮室保存。〔標準〕 1～2個月
冷凍	每2～3瓣用保鮮膜包好，裝進保鮮袋中，然後放入冷凍室。〔標準〕 約6個月

青紫蘇

食用 辛香料蔬菜

清爽的香味令人心曠神怡
作為辛香料而深受喜愛的香味蔬菜

盛產期	7～8月
營養	含有豐富的β-胡蘿蔔素，可以強化皮膚和黏膜。

這樣做就很耐放！

冷藏	將葉柄切除1～2mm，放入盛有少量水的容器中，包覆保鮮膜，然後放入蔬果室。〔標準〕 約2週
冷凍	切成細絲，裝進保鮮盒中，蓋上盒蓋，然後放入冷凍室。〔標準〕 約3週

燒烤或熱炒都很美味，一整年都想吃，營養豐富的優質食材

蕈菇

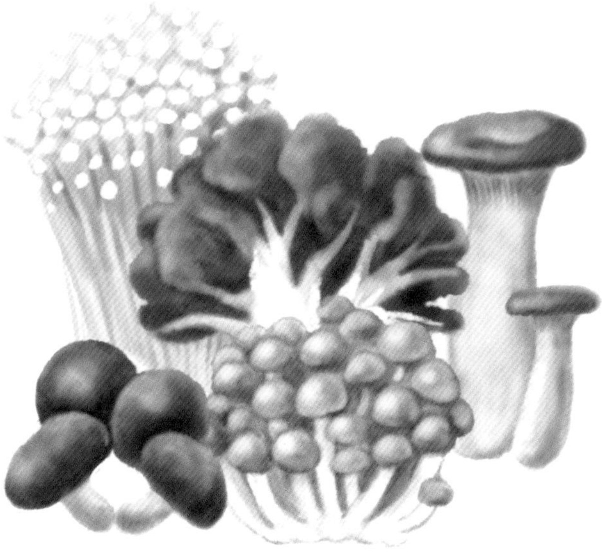

蕈菇的熱量低，膳食纖維和營養都很豐富，是經常想吃的食材。當我在檢查新鮮度的時候，會撤掉發黑、變得濕黏的蕈菇。

大多數的商店會確實提供新鮮度佳的蕈菇，但也有店家會販售腐壞程度相當高的商品。觀察蕈菇的狀態，或許能看出該店家本身的好壞。

盛產期	全年	
營養	蕈菇富含膳食纖維，能改善腸道環境。維生素的含量也相當豐富，由於熱量低，因此多吃也不易發胖，更是與美肌有關，受歡迎的食材。	
這樣做就很耐放！	冷藏	購買之後不拆封，將整個包裝袋直接存放在蔬果室。如果沒有用完的話，用紙包好，裝進塑膠袋中，然後放入蔬果室保存。〔標準〕約1週
	冷凍	切除堅硬的根部之後，切成容易入口的大小，裝進保鮮袋之中，然後放入冷凍室。〔標準〕約1個月

按照營養挑選
成為「蕈菇專家」吧

**如果平常也只是隨興挑選蕈菇，
那麼何不根據營養方面的需求來選呢？**

擔心肌膚狀況的人……鴻喜菇

鴻喜菇中所含的鳥胺酸可促進肌膚的新陳代謝，具有改善肌膚不適的效果。還含有維生素B_1、B_2，有消除疲勞和幫助脂質代謝的功效。

也很適合用於抗老化！

美味鴻喜菇的挑選方法

菇柄又白又粗。菇傘飽滿。

如果想預防高血壓和動脈硬化……香菇

香菇特有的成分香菇多醣可望改善異位性皮膚炎，是美麗肌膚不可或缺的成分。此外，香菇嘌呤也是香菇特有的營養成分。具有降低血液中的膽固醇濃度、預防高血壓和動脈硬化的效果。

還含有大量的鮮味成分麩醯胺酸！

美味香菇的挑選方法

菇傘捲往內側。菇傘的內側呈白色。菇柄粗大。

如果想提升免疫力……舞菇

舞菇具有提升免疫力、降低血壓、預防糖尿病等的效果。在所有的蕈菇當中，舞菇的β-葡聚醣含量最高，這種水溶性纖維具有調節腸道機能、降低膽固醇數值的功效。

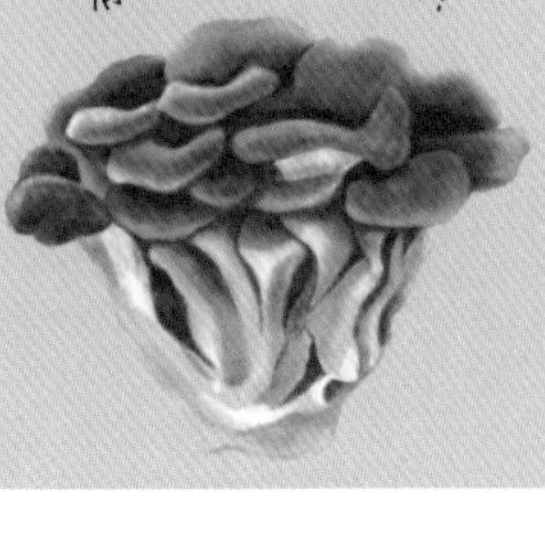
還含有豐富的維生素D，
有助於鈣的吸收！

美味舞菇的挑選方法

菇傘呈深褐色。肉厚而硬。菇柄呈白色。

如果想要改善新陳代謝……金針菇

金針菇能提升免疫力和改善脂質的代謝。金針菇含有菸鹼酸，屬於維生素B群的一種，有助於脂質、碳水化合物、蛋白質的代謝。還可以分解酒精，所以如果搭配酒一起食用，也可以預防宿醉。

鉀和膳食纖維的含量都相當豐富！

美味金針菇的挑選方法

菇傘小。全體呈乳白色。

杏鮑菇也是腸道的強大盟友！

如果想要排毒的話……杏鮑菇

在所有的蕈菇當中，金針菇的膳食纖維和鉀的含量最多。膳食纖維可望具有改善便祕的效果，還能維持腸道健康。鉀可望具有預防高血壓、改善水腫、維持肌肉正常等的效果。

美味杏鮑菇的挑選方法

菇傘捲往內側。
菇傘的內側呈白色。菇柄粗大。

蕈菇要靠冷凍濃縮鮮味！

當蕈菇的細胞被破壞時，會釋放出鮮味成分．單磷酸鳥苷。破壞細胞的方法，就是將蕈菇冷凍。冷凍之後，細胞被破壞，鮮味成分會增加大約3倍。

不過，金針菇的清脆口感會完全消失，或是舞菇會變軟。由於口感會發生變化，因此建議大家依個人喜好來選擇是否要將蕈菇冷凍。

如果不喜歡冷凍後的口感，可以用來製作雜炊飯、湯品和芡汁料理，這樣就不太需要擔心口感，也比較容易入口。冷凍方法請參照119頁。

水果的美味吃法

要吃水果的話在早上吃！

對於那些總覺得沒什麼精神、注意力不集中的人，我建議大家要在早上吃水果。水果中的有機酸具有消除疲勞的效果，膳食纖維可以消解便祕等，對身體非常有益！最重要的是，水果是美味的營養補給品。早餐時常吃的麵包，因為鹽分、脂質和熱量的含量都很高，所以我不太建議食用。香蕉、蘋果、奇異果和葡萄柚等水果都能輕鬆享用，因此非常適合忙碌的早晨！搭配優格或蜂蜜一起吃也很不錯。

美味的維生素補給品！

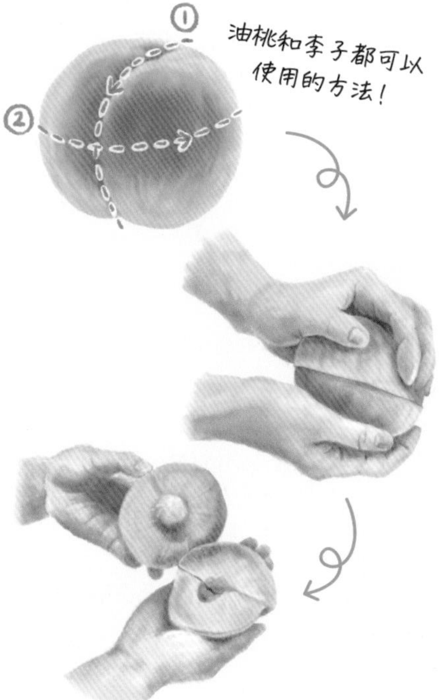

世界上最簡單的桃子吃法

想要盡可能以不浪費的方式吃桃子！曾經剝開過桃子的人，應該多數都有這種感覺吧。這裡將替各位介紹可以輕鬆享用且不浪費的吃法。

①沿著臀形紋路切入
②再對著那條切開的線垂直切入
③握住水果的頂部和底部扭轉
④去除種子
⑤縱向切開

接著，從邊緣慢慢剝下表皮，就完成了。順便一提，當桃子熟到可以吃的時候，顯示出的徵象是臀部有點軟，整個桃子呈紅色或粉紅色，下側是乳白色，散發出香甜的氣味等。

蘋果放入
冷藏室會變甜

買了蘋果之後，請存放在冷藏室中。原因在於蘋果中所含的果糖，具有「在低溫中增加甜味」的特性。
將蘋果一個個分別用紙包好，裝進保鮮袋中密封起來，放入冷藏室保存。重點是要確實密封起來。因為蘋果會不斷釋放出乙烯這種氣體，促使在它附近的蔬菜和水果加速變質。
此外，蘋果對溫度變化的適應力不強，所以即使在冬季也要放入冷藏室中盡可能充分冷卻。

蘋果好吃的要點是
表皮緊繃，紅到底部，
果實不會太大等。

小玉西瓜的簡單切法

超市裡販售的西瓜方塊，吃起來很方便，因此許多人不自覺就會購買。不過，西瓜方塊因為另外加上了加工費用，所以價格比較昂貴。因此，這邊將介紹如何輕鬆快速地將西瓜分切成方塊的方法。

①橫切對半
②切除頂部的皮
③依序切除旁邊的皮
④切成容易入口的大小
⑤蓋上大碗
⑥把大碗翻過來就完成了！

順便一提，在我們家會把切下來的西瓜皮做成醃漬小菜。先削掉深綠色的外皮，直到看不見紋路為止，然後切成容易入口的大小，和鹽一起放入塑膠袋中。搖晃均勻之後，在冷藏室放置30分鐘。只需這樣做，就能做出美味的醃漬小菜。

不妨吃吃看切下來的西瓜皮！

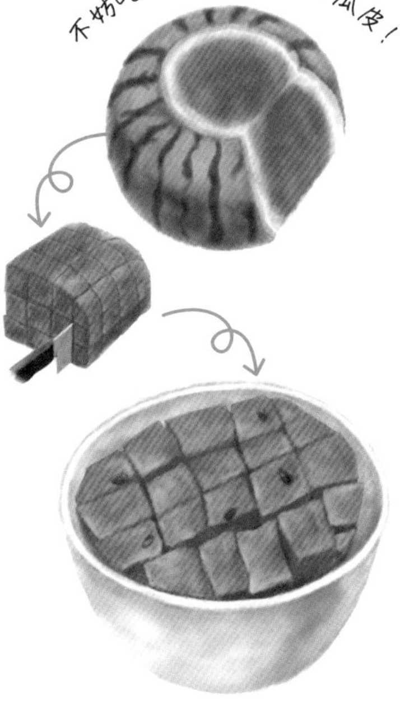

利用溫度
來控制香蕉的甜度

將香蕉存放在室溫中可以催熟。儘管好處是能輕鬆看出適合享用的時機，但由於夏季時室溫很高，香蕉會快速腐壞。因此，在夏季或是想停止催熟的時候，請按照以下的方法保存在蔬果室裡吧。

喜歡味道濃郁的話
就選擇帶點糖斑的香蕉，
喜歡味道清爽的話，
就選擇蒂頭偏綠的香蕉。

①購買沒有損傷的香蕉
②一根根剝下來
③用保鮮膜包好
④放入蔬果室

採用這種方法的話，即使在夏季，香蕉也可以維持漂亮的狀態，保存1個月左右。此外，我也建議將香蕉存放在冷凍室中。一直到用保鮮膜包好為止，都與存放在蔬果室的步驟相同。接著則是裝進保鮮袋中，然後放入冷凍室。要吃的時候，就以結凍的狀態直接享用。清脆的口感格外美味。

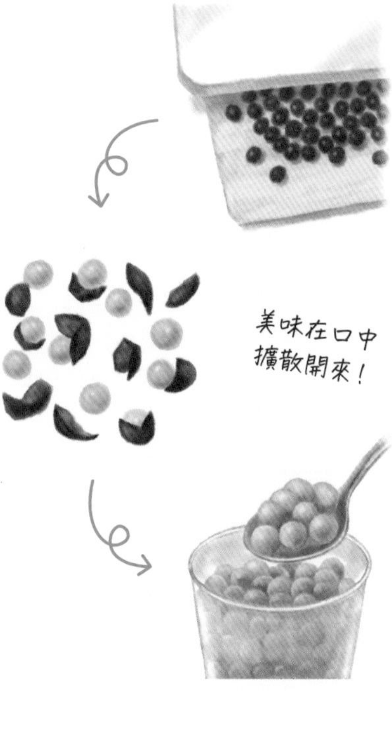

大口吃下滿嘴
德拉瓦葡萄的方法

德拉瓦葡萄是大家所熟悉的無籽葡萄經典品種。各位有過大口吃下滿嘴德拉瓦葡萄的經驗嗎？這裡推薦的方法，能讓大人和小孩都可以吃到美味的葡萄。

①將德拉瓦葡萄的果粒擺放在砧板上
②以另一個砧板蓋在上面用力地轉動
③剝皮之後盛入容器中

接著，張大嘴巴，用湯匙將葡萄塞滿口中。
有小孩的家庭，或是平常製作甜點的時候，都推薦大家採用這個方法！

第 3 章

在蔬菜賣場撿便宜的省錢超市活用術

買東西要
「單獨一個人」去

去超市購物的時候，盡可能自己一個人單獨前往。和家人一起去購物也許充滿樂趣，但是從省錢的觀點來看，我不建議大家這樣做。原因是與家人同行時，每個人會分別拿起他們想要的東西放進購物籃裡。像是晚餐要喝的啤酒，或是小孩吵著要買的甜點等，應該也有不少人最後不知不覺購買了「不是真正需要的東西」。

在超市中，各個商品會陳列在符合客層的高度或場所。例如，設法將單價高的食品玩具陳列在低年齡孩童容易看得到的高度之類。

像是電視廣告中正在宣傳的商品，布置賣場時會在配合成年人視線的高度，占據廣大的銷售空間來吸引顧客的目光。如果是啤酒的話，將6罐裝或24罐裝的啤酒箱放在一起，誘使顧客大量購買。如果全家人未經深思熟慮便購買自己想要的商品，額外的開支就會增多。

為了防止這種衝動購物，想要省錢的人應該盡可能一個人單獨去購物。

肚子餓的時候
不要走進超市

去超市購買食品時，「肚子不餓的時候」是最佳時機。

根據美國明尼蘇達大學徐靜（Alison Jing Xu）博士的研究結果顯示，空腹時前往購物的話，購物金額最多可增加64%。當你在吃到飽餐廳吃得太多，覺得「再也吃不下……」時，會變得不想看到食物。請試著反過來想想餓著肚子去購物的結果。

此外，超市還有一種行銷策略「試吃特賣會」。根據我的經驗，每兩名參與試吃的顧客中就有一個人會購買該項商品。在我任職的超市，為了提升營業額，有空的時候也一定會舉行試吃特賣會。幾乎沒有人在出發去購物之前，就預先決定「今天我要購買試吃特賣會的商品」。這就表示在試吃特賣會上購買的行為，也是一種衝動購物。當你肚子餓的時候進行試吃，不知不覺就吃完了，而且會覺得大多數的東西都很好吃。於是就買了。為了避免發生這種情況，如果肚子餓了，最好在出門前吃點東西再出發去購物。

推購物車雖輕鬆卻容易花錢
買東西最好使用購物籃

買了太多不需要東西的原因，也許是放入「購物車」裡的緣故。當您使用購物車的時候，無論在籃子裡中放入多少商品都感覺不到重量。由於不容易累，因此花了相當長的時間購物，最後買了不少預計之外的東西。當您把商品帶到收銀台時便為時已晚。收銀機上顯示的金額不斷增加。好不容易結算完成，有許多顧客那時才注意到，「啊……買太多了……」

據了解，使用購物車的顧客和不使用購物車的顧客，兩者的購買金額有數十%的差距，所以有些店家的店員會站在入口處，把購物車遞交給顧客。購物車不僅可以提高顧客的便利性，還具有提升營業額的效果。

去超市採購時總是超出預算買得太多的人，最好不要使用購物車，而是提著購物籃進行採購。

面對超市的戰術
以購物清單應戰

不浪費的人會在出發前往商店前事先決定要購買的東西。**據說，去超市採購的顧客，有80%根本沒決定要買什麼就進店裡了。**

換句話說，許多顧客完全沒想過要煮什麼菜便進到店裡，然後看著店內的商品來構思菜單。像這樣的人就會被巧妙地引入「超市的策略」中。

舉例來說，像是大幅降價的價格策略、買多少個就有多少元折扣的搭售方案、利用關聯陳列誘發大量購買等，還沒有決定買什麼的人往往會不自覺地陷入這類策略中。結果，在購物籃中放入許多原本沒有預定要購買的商品……最後超出原本的預算。

理想的購物方式是先瀏覽廣告，再確認冰箱中的庫存，接著決定菜單，製作購物備忘錄之後再出發。即使只是事前確認一下冰箱，也可以減少因未掌握庫存而造成的食物浪費。

省錢靠速度！
理想的逗留時間是10分鐘內

在超市，據說「走的距離越遠，花越長時間購物的顧客，因購物所花費的金額也越高」。

說起來，若顧客看不到賣場，就不會產生營業額，為了讓賣場盡收顧客眼簾，就要製作消費動線，費心設計擺設商品的位置。

並不是只要陳列得美觀漂亮就夠了，商品的陳列其實需要經過非常周密的思考。

例如，將顧客要買的許多東西，像是高麗菜、香蕉、豆芽菜、鮭魚切片、牛肉絲、雞蛋、牛奶、豆腐等，呈點狀分布在「希望顧客走過去的方向」，藉此設計成顧客的消費動線，在逛的過程中看到的商品也會買下來，想辦法提升客單價。因此如果我們能先寫好購物清單，提醒自己「盡快走出商店」，就可以減少亂花錢的機會。

認真要省錢的話，不要靠近熟食、糕點

我想有很多人都會覺得熟食「方便又好吃，不知不覺就買了」。**但從店家的角度來看，熟食非常賺錢。**例如蔬菜、水果和調味料等食品部門的商品，店家只是將廠商交付的商品陳列出來而已，最後一定會演變成和店家之間的價格競爭，賺不了錢。不過，熟食的原價率頗低，容易盈利。以店家的立場來看，不但能靠著熟食的口味與其他店家競爭，同時還可以確實地獲利，是相當不錯的產品。

我原本以為，想要省錢的人不太會出去吃外食，不過買熟食與外食其實沒什麼差別。

甜點是嗜好品，除了高脂高糖之外營養價值也低，如果真的想省錢，最好還是不要購買。

然而，這終究是在「想要省錢」情況之下的說法。並非全都不能購買，但最好要設定目標之後再選購，例如用熟食多加一道配菜，或是用甜點來獎勵努力工作的自己。

後記

非常感謝您閱讀到這裡。

目前我主要是透過推特等社群網站，發布跟蔬果有關的資訊，而我開始做這件事的原因很簡單。

因為當時的我身為蔬果銷售員，自然想要賣出更多的蔬菜。

在超市的蔬果業務中，也包含變換蔬菜的陳列場所。有時會更動價格，有時則是主打時令商品，我們會利用各式各樣的方式，為了能多賣一樣蔬菜或水果，想方設法地進行販售。

但是，原本就沒有吃蔬菜習慣的人，不管菜商跟我們花了多少心思、用怎樣的方法推銷，都只會直接穿過蔬果區，不會停下腳步。

特別是20多歲～30多歲的年輕世代，他們的蔬菜消費率正在逐年減少。

按照這種情形持續下去，菜商是沒有未來的……。

由於想改變這樣的現狀，因此我展開了發送蔬果資訊的活動。

儘管是抱持這樣的想法開始經營社群網站，不過在發送蔬果相關資訊的過程中，我與農民以及消費者的對話越來越多。

農民因汽油和肥料的價格高漲而煩惱，許多人被迫休耕。透過社群網站，我也能夠直接獲知這樣的訊息。

一旦耕種的農民變少，我們將會無法販售國產的蔬菜。那麼不只是像我這樣的販售者，對於消費者來說也會造成困擾。

和消費者溝通時，有的人說：「因為不懂吃法和選擇的方式，而且蔬菜很快就會腐壞，所以我才不買。」這些回應也讓我能夠進一步了解他們不買青菜的原因。

「不只是販賣蔬果而已，我想藉由增加消費量助農民一臂之力。」

「我想讓消費者知道蔬果的選擇方式和吃法。」

這本書就是承載了這些心願的集大成。

我盡自己最大的能力，將「美味蔬果的挑選方法」、「以不捨棄為目的之保存方法」、「簡單的食譜」、「知道了會很有用的訣竅」介紹給大家。

對於拿起這本書的您來說，與其說我希望您深入了解跟蔬果有關的知識，不如說「我希望您對蔬菜更感興趣，因而享用更多的蔬菜」。

在這本書的編輯會議中，責任編輯告訴我：「TETSU先生，您是日本最知名的超市店員唷。」

雖然我透過社群網站與很多人聯繫，但我認為我的影響力還不足以自稱為「日本最知名的超市店員」。

我的最終目標是讓年輕一代對蔬菜更感興趣，將每天的蔬果消費量提高至350g以上。

當我在推特上做出類似的發言時，總是會有人回：「怎麼可能？辦不到的啦，這樣做一點意義都沒有。」

或許沒人會對此抱有期待，不過我是認真的。

今後我還是會持續傳遞資訊，當然不可能讓所有人都愛吃菜，但即使只是一點一點地慢慢增加幾個人、幾十人、幾百人都好，希望願意吃蔬果的人能越來越多。

今後大家若能透過書籍或社群網站支持我的活動，將是我最欣慰的事。

青髪のテツ

（青髮的TETSU）

青髮のテツ

(AOGAMI NO TETSU)

日本最知名的超市店員。
蔬果類的專家。
憑藉多年在超市蔬果部門工作的經驗，透過推特和部落格傳遞蔬菜和水果的相關知識。擁有48萬名跟隨者（截至2022年10月為止），是超市業界首屈一指的意見領袖。
藉由以連結生產者和消費者的觀點並傳遞資訊，例如選擇蔬菜的方法、簡單的食譜、持久的保鮮方式、行情預測等，獲得不同世代的支持。
目標是讓年輕世代更喜歡蔬菜，逐漸提升蔬菜的消費量。

Twitter https://twitter.com/tetsublogorg

從產地到餐桌的零時差美味！

日本蔬菜達人的蔬果挑選、保存密技全公開

2023年6月1日初版第一刷發行

作　　者　青髮のテツ
譯　　者　安珀
編　　輯　魏紫庭
美術編輯　黃郁琇
發 行 人　若森稔雄
發 行 所　台灣東販股份有限公司
<網址>www.tohan.com.tw
法律顧問　蕭雄淋律師
香港發行　萬里機構出版有限公司
<地址>香港北角英皇道499號北角工業大廈20樓
<電話>（852）2564-7511
<傳真>（852）2565-5539
<電郵>info@wanlibk.com
<網址>http://www.wanlibk.com
http://www.facebook.com/wanlibk
香港經銷　香港聯合書刊物流有限公司
<地址>香港荃灣德士古道220-248號
荃灣工業中心16樓
<電話>（852）2150-2100
<傳真>（852）2407-3062
<電郵>info@suplogistics.com.hk
<網址>http://www.suplogistics.com.hk
ISBN 978-962-14-7491-9

TOHAN